KB009422

내륙 수로 운하

내륙 수로 **운하**

초판 1쇄 발행일 2022년 10월 31일

지은이 양찬수
펴낸이 이원중

펴낸곳 지성사 **출판등록일** 1993년 12월 9일 **등록번호** 제10-916호
주소 (03458) 서울시 은평구 진흥로 68, 2층
전화 (02) 335-5494 **팩스** (02) 335-5496
홈페이지 www.jisungsa.co.kr **이메일** jisungsa@hanmail.net

ISBN 978-89-7889-509-5 (04400)
ISBN 978-89-7889-168-4 (세트)

내륙 수로 운하

세계사의 발전과 함께한 운하의 역사

양찬수
지음

지식산업사

차례

02 유럽의 운하

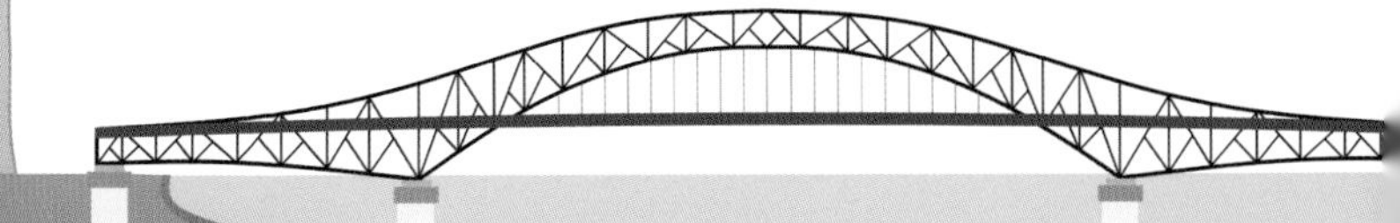

03 중동과 아프리카의 운하

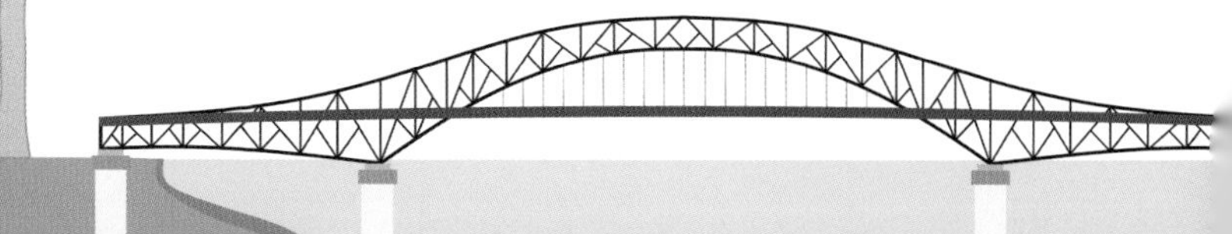

우리나라는 1950년대까지도 '떼꾼(뗏목을 운반하는 사람으로 뗏사공, 뗏목꾼이라고도 한다)'이 있어 강 상류에서 땔감이나 건축용 목재를 하류로 실어 날랐다. 조선 시대에 한강의 흐름을 따라서 강원도 산지에서 베어낸 통나무를 한양까지 운반하던 방식이었다. 또 각 지역에서 거둔 조세(세곡)를 배(조세선)에 싣고 남부 지방의 연안을 따라 이동하여 한강을 거슬러 한양까지 운송하는 뱃길(조운 항로)도 있었다. 이런 배경으로 운하의 필요성도 많이 제기되었고, 운하 개발의 시도가 있었다. 우리나라는 해양 물류와의 연계를 위한 내륙 운송 목적의 운하 발전은 미흡하지만 해양 개척과 함께 전개되는 세계사에서 운하는 중요한 역할을 해 왔다.

운하는 우리에게 익숙하지 않고, 아직 운하에 관해 정리한 도서나 학술 문헌 등이 거의 없는 실정이다. 이 책을 통해서 운하에 대한 이해를 높이고, 운하와 관련하여 내륙 수송과 사회 · 문화의 발전과의 관계도 살펴볼 수 있으면 좋겠다. 유럽에서의 운하는 전략적으로 중요할 뿐만 아니라 국제무역과 관광산업에서도 크게 기여하고 있고, 현재도 운하 개발이 이루어지고 있다.

강을 거의 그대로 사용하여 운하로 이용하거나 강을 운하로 개발하거나, 새롭게 땅을 파고 수로를 내어 운하로 만들 수 있다. 하지만 단순히 땅을 파는 것으로 끝나는 것이 아니라 다양한 토목공학 기술이 필요하다. 많은 경우 운하의 높이 차이를 극복하는 것이 중요한데, 중간마다 배가 다닐 수 있게 물의 양을 조절하는 문(갑문), 더 높은 구간의 이동에는 승강기와 같은 리프트, 완만한 경사를 이동하기 위한 철로(레일) 리프트를 이용하는 기술 개발이 필요하다.

이 책은 세계사의 발전과 함께한 운하의 역사 이야기를 유럽, 중동과 아프리카, 아메리카, 아시아별로 소개한다. 먼저 배가 다니는 항로에 대한 해양 · 기상학적 특성 그리고 세계의 운하, 해협, 주요 항구 등에 대해서 인공위성 사진 등을 포함해 대륙별로 소개하고 관련된 역사적인 사건, 지리적인 특성, 국제적인 이슈나 분쟁 등 최근까지의 내용을 담았다.

전 세계적인 물적 유통이 가능한 것은 운하 덕분이다. 배는 가장 싼 수송 방법으로 에너지 효율이 가장 높다. 그리고 배의 이동 경로는 세계사에서 많은 전투와 분쟁의 현장이 되기도 했고, 지구를 연결하여 세계사 발전의 원동력이 되기도 했다. 이 책을 통해 전 지구적인 관점에서 뱃길과 운하를 참고할 수 있으면 하는 바람이다.

우리나라에 출판된 운하 관련 자료가 많지 않아 해외 자료 수집하는 데 많은 시간을 할애했다. 자료 조사와 그림 작업을 함께 해준 조재윤 씨와 한글 지명 검토를 해준 최아름 씨에게 감사의 마음을 전한다. 또 이 책의 완성도를 높이는 데 윤문과 수많은 의견을 아낌없이 보내준 조정현 작가와 도서출판 지성사 편집진에게 감사드린다.

01

운하와 뱃길

세계사를 바꾼 해양 개척 이야기

해양 개척을 통한 세계사

왜 뱃길이 있는가? 뱃길은 바다, 강, 호수 등에서 배들이 항해할 수 있는 길(항로)로, 바람을 이용하여 항해하는 돛을 사용한 범선시대(1571~1862)에서부터 엔진을 이용하는 현대에 이르기까지, 배가 항해하면서 만나게 되는 위험을 줄이고 소요 시간도 줄이도록 오랜 기간 형성되어 왔다.

뱃길에서 만나는 해적 때문에, 또는 자연환경이나 지정학적 위치에 따라서 유명해진 항로들이 있다. 예를 들면, 믈라카(말라카)해협은 태평양과 인도양을 잇는 뱃길로 전 세계 화물의 최대 4분의 1이 통과하고 있어 해양 사고의 위험이 크고, 2000년대에는 해적의 빈번한 출몰지로 유명하다.

또 북유럽에서 아시아, 아프리카와 아메리카로 가기 위한 항로인 영국해협, 페르시아만과 아라비아해 사이의 원유 수송로인 호르무즈해협, 지중해와 대서양을 잇는 군사요충지인 지브롤터해협, 극동 항로 개척의 이정표인 희망봉, 지중해와 홍해를 연결하는 수에즈 운하, 태평양과 대서양을 잇는 파나마 운하 등이 있다.

매년 110억 톤의 화물(세계 무역의 70퍼센트)이 배로 운송되고 있어서 앞으로도 뱃길은 각 국가의 경제적, 안보적인 측면에서 계속 그 중요성이 커질 것으로 보인다.

〈그림 1-1〉은 21세기 항로(보라색 선)를 배경으로 16세기 포르투갈과 스페인의 해상 무역로를 나타낸다. 16세기 해상 무역로는 대항해시대(Age of Discovery) 탐험의 결과라고 할 수 있다. 스페인 무역선 '마닐라(아카풀코) 갤리온(범선의 한 종류)'은 필리핀 마닐라와 멕시코 아카풀코 사이를 매년 1~2회 다니는 정기선이었다(1565년~19세기 초). 당시는 일정량의 은을 화폐 단위로 하는 은본위제도였으므로 신대륙의 은과 중국의 비단, 향신료, 도자기를 교환하기 위해 250여 년 동안 이용했던 항로이다. 이 항로를 보면 아카풀코로 갈 때와 마닐라로 갈 때 무역풍과 해류를

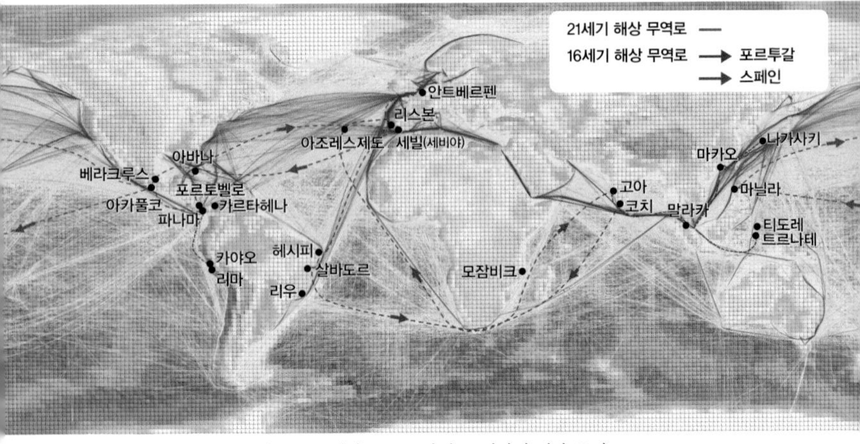

그림 1-1 16세기 포르투갈과 스페인의 해상 무역로

이용했을 것으로 보인다.

뱃길을 알려주는 것이 해도(海圖, nautical chart)이다. 육상의 도로처럼 위험한 곳이나 안전 운전 요령 등을 보여주는데, 예를 들어 해류, 수심, 등대, 암초 등 바다의 길을 알려준다. 〈그림 1-2〉에서처럼 해류에는 일정한 패턴이 있어 항해에 이용되었고, 멕시코 만류(Gulf stream)와 쿠로시오(Kuroshio) 해류가 가장 빠르며, 속도는 0.4~1.2m/s이다.

고대 로마제국은 지중해 주변의 물자를 운반하면서 계절과 시간에 따른 바람의 변화를 이용하는 항로를 개척했고 이후에는 해류도 고려하게 되었다. 19세기에는 바람

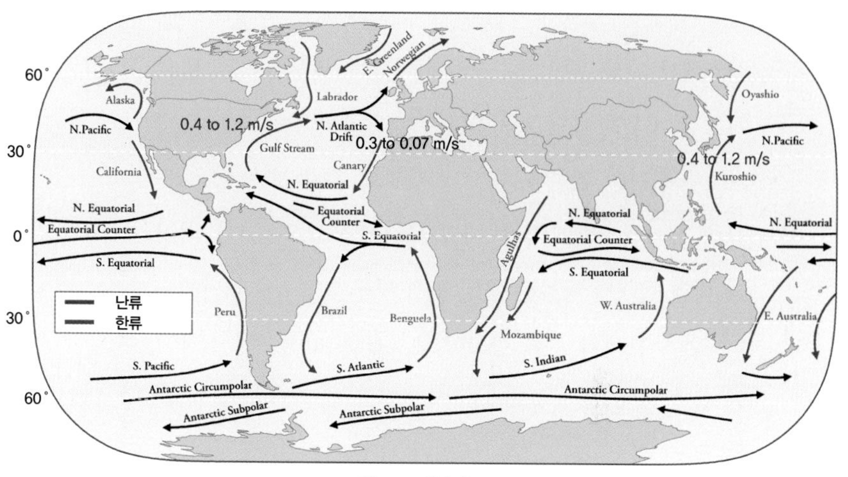

그림 1-2 해류 분포도

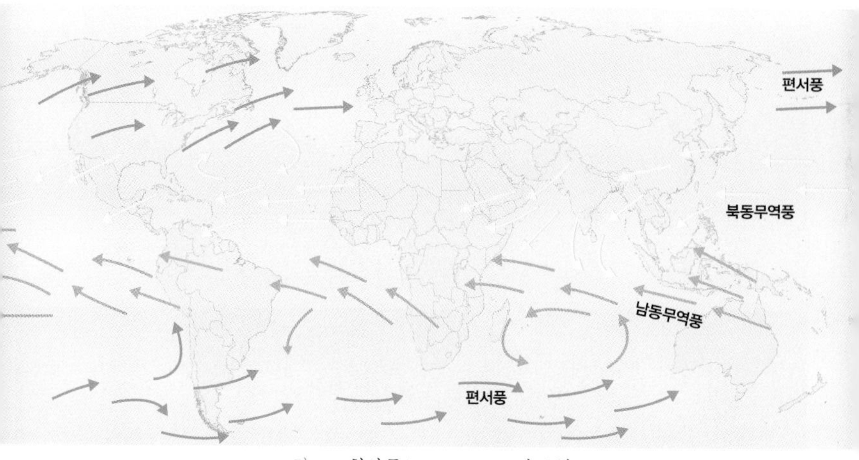

그림 1-3 항상풍(prevailing wind)의 유형

과 해류를 거스르며 항해할 수 있는 선박이 등장했으며, 항로에서 안전 운항을 중요하게 여겼다. 이렇게 해서 안전하고 경제적인 바닷길을 찾다 보니 현재와 같은 항로(〈그림 1-1〉)가 설정된 것이다. 16세기 항로와 겹쳐 보면 많은 부분이 유사하지만 일부는 다르다는 것을 알 수 있다. 과거와 달리 현재의 항로는 주요 50개 항구와 밀접하게 연결되어 있다. 21세기 주요 항구(〈그림 1-4〉)는 아시아에 집중되어 있고, 중동과 지중해로 이어진다.

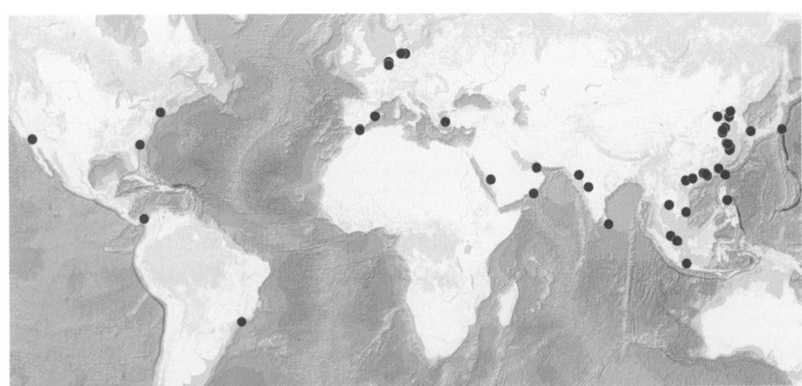

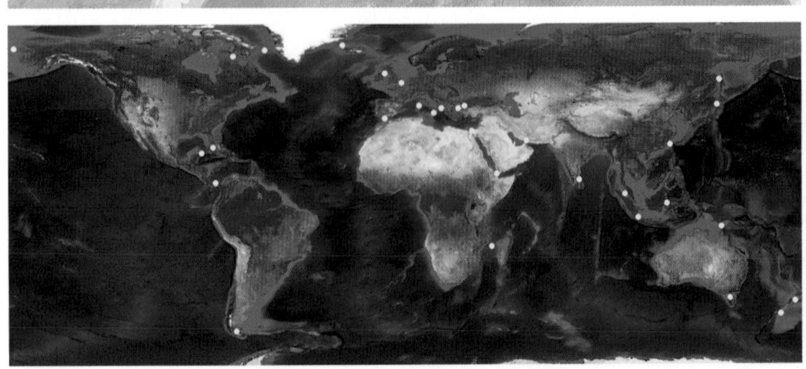

그림 1-4 주요 50개 항구 위치(위)와 주요 30개 해협 분포(아래)

배를 이용하여 인도로 가는 바닷길을 개척하기 위해 총 4차례(1492, 1493, 1498, 1502년) 스페인을 나선 콜럼버스는 기대와 달리 바하마 제도, 쿠바, 아이티 등 중앙아메리카 대륙에 도착했다. 최초의 세계 일주는 1522년 후안 세바스티안 엘카노(Juan Sebastián Elcano, 1476~1526)가 달성했다. 사실 그는 포르투갈 출신의 탐험가 페르디난드 마젤란(Ferdinand Magellan, 1480~1521) 탐험대(1519년 9월 출발)에 참가했었다. 참고로 '필리핀' 국가명은 마젤란이 필리핀에서 죽기 전에 스페인 국왕의 이름을 따서 지었다고 한다.

15~17세기를 대항해시대라고 하며 이는 근세에 해당하고, 기술사적으로는 범선시대(1571~1862, The Age of Sail)와 일부 겹친다. 1600년대와 1700년대에는 전 세계적으로 배들이 많이 증가했다. 1847년에는 증기선 최초로 영국 해군 함정[HMS(Her/His Majesty's Ship, 모든 영국 해군 선박에 붙이는 접두어임) Driver]이 세계 일주를 했고, 단독 최초의 세계 일주는 미국의 항해가 조슈아 슬로컴(Joshua Slocum, 1844~1909)으로 출항 후 3년이 지난 1898년에 미국 동부 연안에 돌아왔다. 1870년대에는 해저 조사가 시작되었고, 영국 해군 조사선 챌린저호(HMS Challenger)는 '챌린저 해연'(10,920미터)을 발견했다.

지표면의 높낮이를 보여주는 지형도와 같은 지도를 일정 간격의 격지로 나타내는 것을 수치표고모형(Digital elevation modeling, DEM)이라고 하는데 지형 기복의 변화를 2차원 평면상에 연속적으로 표현하는 모형이다. 해구는 해저에서 깊게 파인 곳을 가리키는데 지구상에는 약 28군데가 있고, 그중 대다수는 서태평양에 있다.

해구 중에서 가장 깊은 곳을 해연이라고 한다. 마리아나 해구(Mariana Trench)의 '챌린저 해연'은 약 150년 전 챌린저호 탐사로 발견한 것을 기념하여 이름 붙였다. 에베레스트산을 챌린저 해연의 바닥에 넣어도 산의 꼭대기(정상)는 물 아래 1.6킬로미터에 있게 된다. 이 해연에서는 지상보다 1천 배가 넘는 압력이 가해진다. 대서양에서 가장 깊은 곳은 푸에르토리코 해구(Puerto Rico Trench, 8,385킬로미터)로 미국의 자치령 푸에르토리코 북쪽에 있다.

바다와 해양은 지구 표면의 약 71퍼센트를 뒤덮고 있으나 해저의 경우 21퍼센트(2022년 기준)만 지도로 표시되었다. 앞으로 2030년까지 대부분의 해저면 지도를 만드는 것을 목표로 하고 있다. 일부 과학자들은 우리가 지구의 해저보다 달, 화성, 금성의 표면에 대해 더 많이 알고 있다고 농담한다.

①마리아나 해구(Mariana Trench) : 10,920m(챌린저 해연)
②통가 해구(Tonga Trench): 10,820m(Horizon Deep)
③필리핀 해구(Philippine Trench): 10,540m(Emden Deep)
④쿠릴-캄차카 해구(Kuril-Kamchatka Trench): 10,542m
⑤케르마데크 해구(Kermadec Trench): 10,047m
⑥페루-칠레 해구(Peru-Chile Trench): 8,055m(Richards Deep)
⑦푸에르토리코 해구(Puerto Rico Trench): 8,380m(Brownson Deep)

그림 1-5 육지와 해저의 높낮이를 나타내는 수치표고모형(GEBCO): 에베레스트산(해발 8,849m)

1960년에는 미 해군 잠수함[USS(United States Ship, 미 해군 전함 앞에 붙임) Triton]이 물속 세계 일주를 했다. 이후 최초의 단독 무기항(non-stop) 세계 일주는 1969년에 이루어졌다(선원이자 요트선수 로빈 녹스 존스턴 경Sir Robin Knox-Johnston, 영국, 11개월 걸림).

현재 단독 무기항 세계 일주 신기록은 프랑스의 요트선수 프랑수아 가바트(François Gabart)가 2017년에 세운 42일 16시간 40분 35초이고, 다른 사람의 도움으로 진행한 세계 기록은 역시 프랑스의 요트선수 프랑시스 조용(Francis Joyon)이 2017년에 세운 40일 23시간 30분 30초이다.

운하란?

운하(Canal)는 내륙에 만든 인공수로이다. 최초라고 알려진 운하는 고대 제국 아시리아(Assyria)의 수도 니네베(Nineveh)에 돌로 만든 80킬로미터 식수 공급 수로라고 한다.

메소포타미아 지역, 페니키아, 이집트 등에서도 만들어졌고, 기원전 510년경에는 나일강을 홍해로 연결하는 시도도 있었다고 한다. 로마 시대에 배수로나 군 수송 목적의 운하가 발달했고, 이후 중세 말에 무역이 증가하면서 유럽 무역의 85퍼센트가량이 운하를 이용했다.

운하의 수송 관점에서 볼 때, 중국의 '베이징-항저우 대운하'가 가장 오래된 운하로 알려졌으나, 국가 차원의 전국적인 운하 연결망을 개발한 최초의 국가는 영국이다. 운하는 유럽에서 다양하고 활발하게 발전해 왔으며, 초기의 운하는 자연 하천을 이용하는 단순한 확장 수준이었다.

배가 내륙 수로를 이용하려면 먼저 배가 다닐 수 있는 수심을 확보하고 수로 사이의 높이 차를 극복하기 위해서 갑문(locks, 물을 담아두어 수위를 조정하는 장치)이라는 장치가 필요하다. 세계 최초의 갑문은 984년 중국에서 개발했고 이 방식이 유럽에 도입되었다. 1373년에는 네덜란드 위트레흐트* 운하(Utrecht Canal)에 비슷한 갑문을 갖춘 운하가 등장했다.

상품을 대량으로 운송할 수 있는 가장 경제적인 방법이었던 운하는 16세기에 이르러 본격적으로 강을 운하로 개발하기 시작했고, 18세기 산업혁명을 거치면서 많은 운하가 개통했다. 말을 이용하여 수레로 운반하던 화물의 10배 이상을 배로 운반할 수 있어 당시 석탄의 가격을 30퍼센트 이상 낮추는 효과가 있었다. 이후 19세기 해상 무역이 활발해지면서 내륙 인공수로 형태인 운하의 필요성도 커졌을 것으로 보인다.

운하는 내륙에 만든 물길이나 수로(inland waterways)를 통칭하는 것으로 식수, 관개용(농사 등), 공업용 등으로 물을 이용하거나 배들이 다닐 수 있게 항로(뱃길)로 개발한 곳을 말한다. 여기에서는 바다와 내륙 수로가 연결되어 배로 운송할 수 있는 운하를 대상으로 소개하고자 한다.

유럽에서는 강을 기반으로 운하가 발달했고, 강과 강

* 에스파냐 왕위 계승 전쟁을 수습하기 위해 1713년 프랑스와 에스파냐가 영국과 네덜란드 등을 상대로 평화 조약을 체결한 곳이다.

그림 1-6 케닛-에이번 운하 케인힐에 설치된 16개 갑문

을 연결하는 방식으로 많이 진행했다. 케넛-에이번 운하(Kennet and Avon Canal, 1810년)는 당시 영국해협을 돌아가는 바닷길에 선박 피해가 많이 일어나 영국 서부 브리스톨해협으로 이어지는 에이번강에서 런던의 템스강으로 연결되는 케넛강까지 길이 140킬로미터, 105개의 갑문으로 이루어진 수로이다. 이 운하의 케인힐(Cean Hill)에는 물의 양을 조절하는 16개의 갑문이 있어 유명한 관광 명소이다(〈그림1-6〉).

유럽에서 아메리카로 퍼져 간 운하: 내륙에 만든 수로

미국은 독립한 후 내륙 수송을 위한 운하 개발을 본격적으로 시작했다. 1821년 리하이 운하(Lehigh Canal, 116킬로미터)의 개통으로 펜실베이니아에서 채굴한 석탄을 멀리 미국 동부 연안으로 수송할 수 있게 되었다. 하지만 유럽보다 늦게 개발하기 시작한 미국 운하는 철도와의 수송비 경쟁을 피할 수 없었다. 또한 1826년 최초의 철도는 운하가 접근할 수 없는 지역의 수송을 전담하기도 해서 운하와 함께 발전하기도 했다. 이에 따라 내륙 운송 지도에는 운하와 철도가 함께 표시되었다.

리하이 운하는 산비탈에 'Y' 자 형태의 구간이 있는데, 〈그림 1-7〉에서 오른쪽은 중력식 철로이고, 왼쪽은 레일 위에 케이블로 연결한 구성인데 이를 자동식 인클라인(incline)이라고 한다.

운하 이용 선박은 주로 석탄 운송 목적이었고, 〈그림 1-7〉의 왼쪽 아래에서는 석탄 나르는 배를 수조를 이용해서 철로로 올리고, 위에서는 석탄 실은 배를 중력을 이용하여 내려가도록 한 것이다.

이 레일은 세계 최초의 롤러코스터라고 할 수 있다. 석탄을 가득 실은 오른쪽의 배가 경사면을 따라 중력으로 내려오고, 이것과 연결된 줄을 이용하여 텅 빈 배를 당겨 올리는 것이다. 1862년까지 사용했으며, 현재는 관광용으로 일부 구간이 이용되고 있다.

그림 1-7 리하이 운하에서 석탄을 나르는 배를 싣는 장면(1873년, 목판화)

그림 1-8 리하이 운하의 개통으로 석탄을 대량 수송할 수 있게 되었다.(1873년, 목판화)

리하이 운하가 있는 머치청크(Mauch Chunk)는 광산산업이 번창한 곳으로 당시 미국 백만장자의 반 정도가 이곳에 살았다고 한다. 이후 마을 이름은 1954년 아메리카 원주민 출신으로 올림픽에서 금메달을 딴 운동선수의 이름을 따서 '짐소프(Jim Thorpe)'로 바뀌었다.

이 방식을 이용한 또 다른 예는 펜실베이니아 운하(Pennsylvania Canal, 1840년)에 속하는 델라웨어-허드슨 운하(Delaware and Hudson Canal, 174킬로미터, 1828~1902년)가 있다.

이처럼 운하의 후발국이었던 미국이 해외 유학을 통

그림 1-9 머치청크 풍경(칼 보머Karl Bodmer, 1839년)

해 기술을 배워서 진행했듯이, 내륙에서 배의 수송망을 확보하기 위해서는 토목공학 분야의 많은 기술이 필요했다.

전 세계 주요 운하

유럽과 북아메리카 중심으로 운하가 발전했다. 〈그림 1-10〉은 전 세계 주요 운하 분포를 보여준다. 그림에서 표시된 유럽의 운하들은 현재도 대부분 사용 중이지만, 그 외 국가들의 운하는 제한적으로 사용되거나 관광 목적으로 이용하는 곳들이 많다. 서아프리카의 운하는 유럽의 식민지 정책과 관련이 있다.

대부분의 운하는 강과 연결되어 있어 운하의 위치(〈그림 1-10〉)와 강의 분포(〈그림 1-11〉)가 비슷하게 나타난다.

운하는 크게 3가지로 나뉜다. 1) 강을 그대로 사용, 2) 강을 운하로 개량(준설浚渫 등), 3) 육지에 파 놓은 물길(인공수로, 지협地峽 운하).

운하에서 배를 올리고 내리는 방법

인공수로를 만들 때 운하의 양쪽 끝단의 물 높이(수위) 차

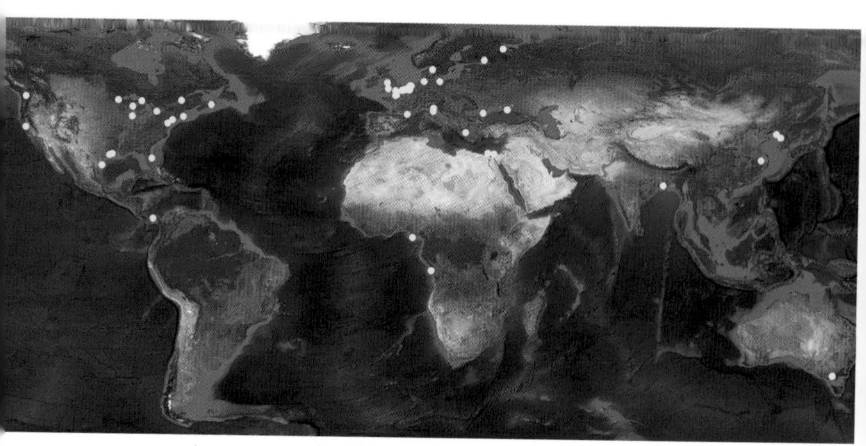

그림 1-10 주요 운하 위치: 주로 유럽에 분포하고 있음을 알 수 있다.

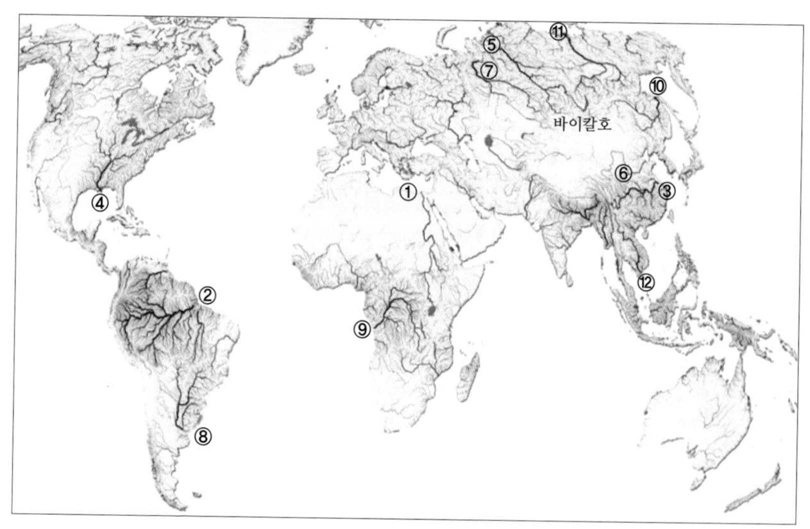

①나일강(6,650km)-지중해 ②아마존강(6,400km)-대서양
③양쯔강(장강, 6,300km)-동중국해 ④미시시피강(6,275km)-멕시코만
⑤예니세이강(3,487km)-카라해 ⑥황허(5,464km)-보하이해(발해)
⑦오브강-이르티시강(5,410km)-오브만(세계에서 가장 긴 하구)
⑧라플라타강(4,880km)-대서양 ⑨콩고강(4,700km)-대서양
⑩아무르강(헤이룽강黑龍江 4,444km)-오호츠크해
⑪레나강(4,400km)-랍테프해 ⑫메콩강(4,350km)-남중국해

그림 1-11 세계의 주요 강의 분포(AGN)

가 있다면, 물의 높이 차를 해소하기 위해 별도로 문을 만들어 높이를 맞추거나(갑문閘門), 철로를 이용하여 이동하거나, 엘리베이터와 같은 리프트를 이용해야 한다.

조수간만의 차가 큰 인천항에 들어갈 때는 배를 싣는 수조(caisson)에 물을 채워서 옆으로 이동시키는 갑문을 통과해야만 한다. 이곳에는 큰 배와 작은 배를 위한 갑문이 각각 하나씩 있다. 다음의 〈그림 1-13〉에서와 같이 바다에서 인천항으로 들어갈 때 1-2-3-4 순서로 갑문의 수문을 조작하게 된다.

배가 높은 곳으로 이동할 때와 낮은 곳으로 이동할 때, 물의 높이가 어떻게 변하는지 〈그림 1-14〉에서 알 수 있다. 즉, 해발이 높은 곳으로 이동하려면 갑문을 이동하면서 계속 물의 높이를 높여 간다. 반대로 해발이 낮은 곳으로 이동하려면 계속 물의 높이를 낮춰 간다.

운하에서 배를 이동시키는 유형을 살펴보자.

① 프랑스 마르네-라인 운하(Marne-Rhine Canal, 1853년): 수로에 연결된 수조에 배가 도착하면 경사면 리프트(전기모터+900톤 무게추)로 생-루이 아르즈비에르(Saint-Louis Arzviller)의 경사면 44.55미터 높이를 4분 만에 이동시킨다.

그림 1-12 인천항의 수로

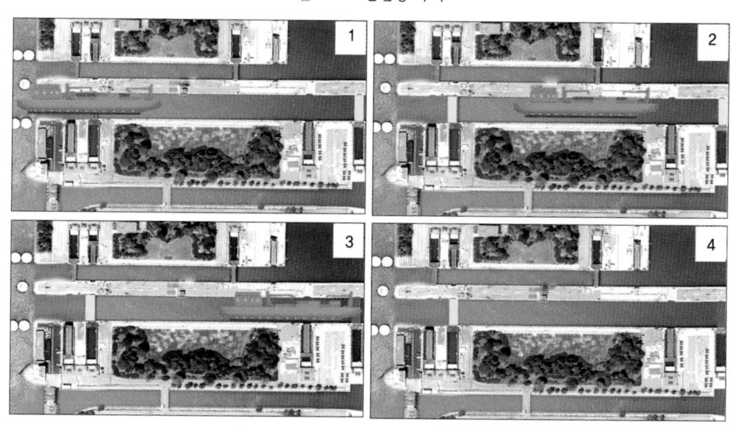

그림 1-13 바다에서 선박이 인천항으로 들어가는 과정(1-2-3-4 순서)

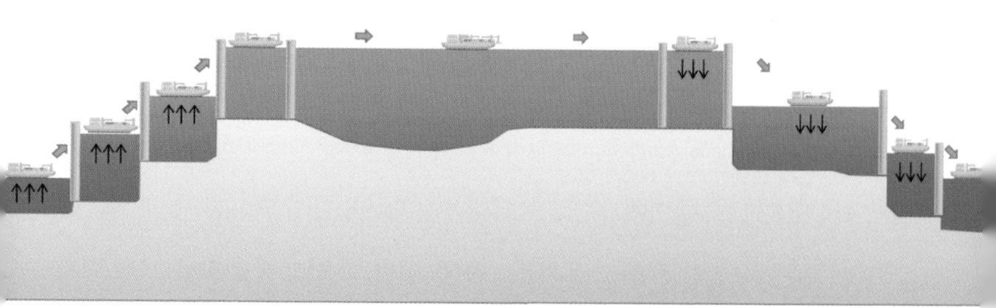

그림 1-14 운하에서 물의 높이를 조절하면서 이동하는 선박

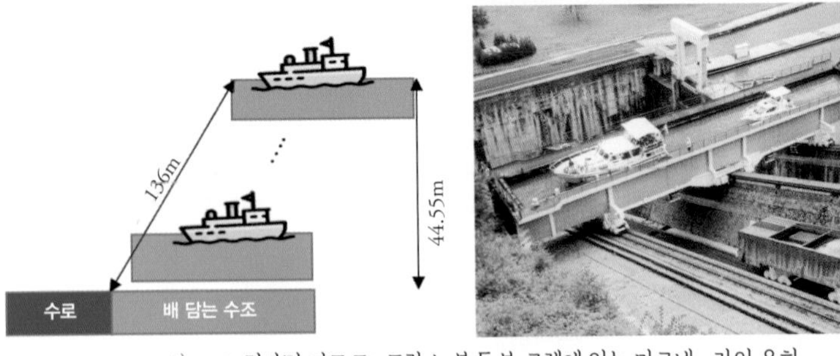

그림 1-15 경사면 리프트: 프랑스 북동부 로렌에 있는 마르네-라인 운하

② 벨기에 스트레피-티유(Strépy-Thieu) 선박 리프트: 2002년 상트르 운하(Canal du Centre, 1917년)에 2002년 우회로(bypass)로 건설된 엘리베이터 방식의 리프트로, 원래 있던 4개의 소형 리프트는 세계유산(1998년)에 등재되었다. 현재 이 방식의 최고 기록은 113미터(중국 싼샤댐, 2016년)이다.

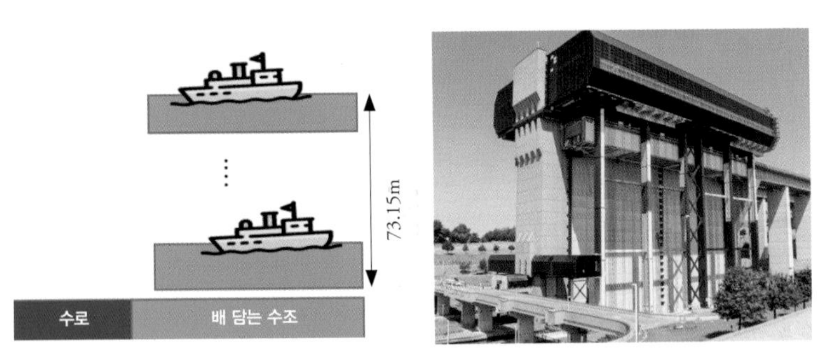

그림 1-16 엘리베이터 방식의 스트레피-티유 선박 리프트: 벨기에 왈롱

③ 벨기에 브뤼셀-샤를루아 운하(Brussels-Charleroi Canal): 1832년 벨기에 수도 브뤼셀에서 남부 샤를루아까지 개통된 47.5킬로미터 운하로, 북해 연안의 안트베르펜(앤

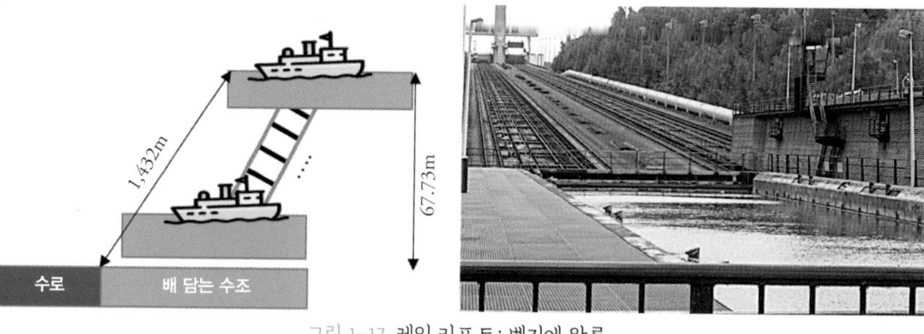

그림 1-17 레일 리프트: 벨기에 왈롱

트워프) 항구로 연결된다. 이 운하의 론키에레스(Ronquières) 경사면(1,432미터)에 레일 리프트(1968년에 건설)가 있어 약 68미터 높이까지 선박이 이동할 수 있다.

④ 스코틀랜드 회전 기어 리프트: 영국 스코틀랜드에 있는 두 개의 운하(포스앤 클라이드 운하와 유니언 운하)를 연결하는 리프트로 2002년에 만들어졌다. 35미터 높이를 4분 만에 각각 최대 4대의 선박을 동시에 올리고 내릴 수 있다. 이런 까닭에 소비하는 에너지가 매우 적다. 이 리프트는 폴커크에 있어 폴커크휠(Falkirk Wheel)이라고 불린다.

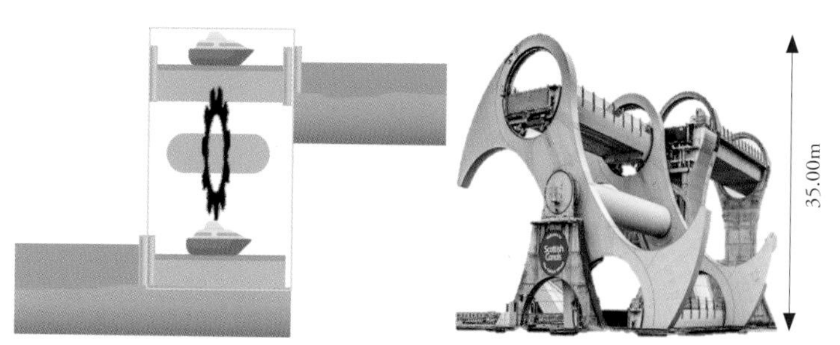

그림 1-18 회전 기어 리프트

쉬어가기

파나마 운하를 이용하면 기름값은 얼마나 절약될까?

교역품을 싣고 전 세계를 누비는 컨테이너선의 상당수가 파나마 운하를 통과한다. 파나마 운하는 파나마 지협을 횡단하여 태평양과 대서양을 연결하는 인공수로로, 남아메리카 대륙을 빙 돌아가지 않고도 미국 동부와 유럽으로 갈 수 있다.

이 운하의 주요 통행 항로는 미국 동부 해안↔동아시아, 미국 동부 해안↔남아메리카 서부 해안, 미국 동부 해안↔중앙아메리카 서부 해안, 유럽↔남아메리카 서부 해안이다.

이렇듯 이 운하를 이용하면 시간 절약은 물론, 기름값도 크게 절약할 수 있다. 먼저, 배가 하루에 사용하는 기름값은 얼마인지 알아보자. 초대형 컨테이너선 벤저민 프랭클린(Benjamin Franklin)호를 예로 들어 살펴보기로 한다.

벤저민 프랭클린(Benjamin Franklin) 컨테이너선(18,000TEU *)

- ▶ 중량 톤수: 185,000DWT **
- ▶ 총톤수: 178,228GT ***
- ▶ 길이: 399.2m
- ▶ 폭: 54m
- ▶ 높이: 60m
- ▶ 흘수: 16m
- ▶ 속도: 22.9knots(42.4km/h)
- ▶ 연료탱크: 16,000톤(1600만 리터)

'벤저민 프랭클린' 컨테이너선

선박의 운항 조건은 다음과 같다.

선박 속도는 22노트(knot. 1노트는 1시간에 1해리(1,852미터)를 이동하는 속도)로 하루 약 1,000킬로미터를 이동한다.

하루에 사용하는 기름은 63,000갤런(gallons, 약 24만 리터, 차량당 40리터를 주유한다면 차량 6천 대를 주유할 수 있다)이며, 이를 기준으로 하루 기름값은 약 1.8억 원(갤런당 2달러, 1달러 1,400원 기준)이다.

그렇다면 우리나라 부산항에서 미국 동부를 갈 때 파나마 운하를 이용하면 거리가 얼마나 줄어들까? 칠레의 케이프 혼을 거쳐 대서양으로 가는 항로보다 약 7,500킬로미터가 줄어들어 일주일 빨리 도착할 수 있다. 수에즈 운하는 약 10일이 단축된다.

이에 따라 파나마 운하를 이용하면 기름값 약 13억 원을 절약할 수 있다.

* TEU: 20피트(609.6센티미터)의 표준 컨테이너 크기를 나타내는 단위로, 18,000TEU는 20피트 컨테이너를 18,000개 실을 수 있다는 뜻이다.

** DWT: Dead Weight Tonnage의 약자로, 중량 톤수라고 한다. 즉 선박의 무게를 제외하고 순수한 화물을 실을 수 있는 무게를 뜻한다.

*** GT: Gross Ton의 약자로 총톤수를 뜻한다. 선박 기준의 용적(부피)이나 크기를 나타내는 단위로 선박의 통계에도 사용되고 있다.

쉬어가기

운하 등 뱃길에서 배가 지나갈 수 있는지 어떻게 알까?

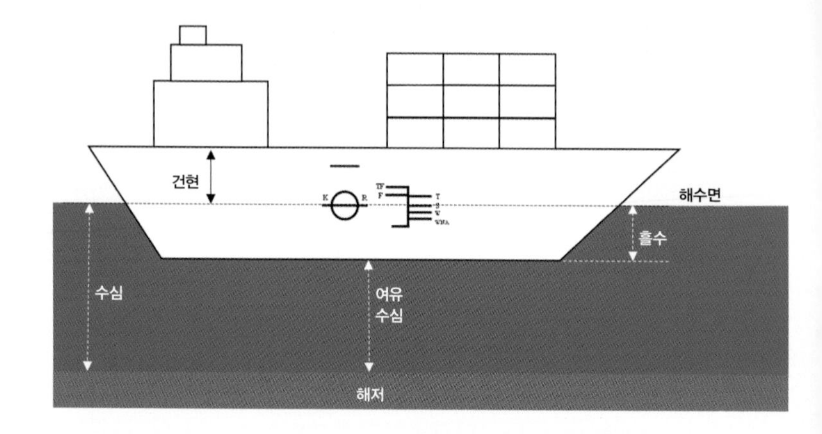

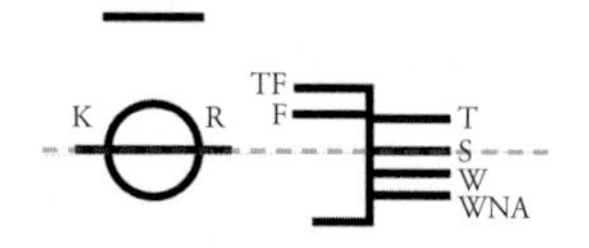

- S(Summer): 여름 바다
- W(Winter): 겨울 바다
- WNA(Winter North Atlantic): 겨울 북대서양 바다
- T(Tropical): 열대 바다
- F(Fresh Water): 여름 민물(담수)
- TF(Tropical Fresh Water): 열대 민물
- 건현(Freeboard): 배 중앙부 윗단(상갑판)에서 수면까지의 수직거리
- 흘수(Draft): 수면에서 배의 아랫단까지의 높이
- 수심(Water Depth): 수면에서 운하 바닥까지의 수직거리
- 여유수심(Keel clearance, Safety clearance): 뱃길을 지날 때 수심의 여유

뱃길은 안전하게 지나갈 수 있도록 배가 물에 잠긴 깊이(흘수), 여유수심 그리고 배의 높이를 알고 있어야 한다. 흘수의 표현으로 만재흘수선이 있는데, 이것은 선박이 안전하게 항해할 수 있는 최대한도의 선이다. 그림의 선박은 수면이 S에 맞춰져 있으므로 여름 바다에서 안전하게 항해할 수 있는 것을 알 수 있다.

일반적으로 운하를 이용하기 전에 다음의 표와 같이 각 운하의 등급을 확인하는 방법도 있다.

유럽 내륙 운하 분류표

<table>
<tr><th colspan="2" rowspan="2"></th><th colspan="4">최대 허용 선박 제원</th><th colspan="4">예인의 경우(pushed convoy)</th><th rowspan="2">허용 높이(m)</th><th rowspan="2">심볼</th></tr>
<tr><th>길이(m)</th><th>폭(m)</th><th>흘수(m)</th><th>톤 수(t)</th><th>길이(m)</th><th>폭(m)</th><th>흘수(m)</th><th>중량(t)</th></tr>
<tr><td rowspan="3">엘베강 서쪽</td><td>I</td><td>38.50</td><td>5.05</td><td>1.88~2.2</td><td>250~400</td><td></td><td></td><td></td><td></td><td>4</td><td></td></tr>
<tr><td>II</td><td>50~55</td><td>6.60</td><td>2.50</td><td>400~650</td><td></td><td></td><td></td><td></td><td>4~5</td><td></td></tr>
<tr><td>III</td><td>67~80</td><td>8.20</td><td>2.50</td><td>650~1000</td><td></td><td></td><td></td><td></td><td>4~5</td><td></td></tr>
<tr><td rowspan="3">엘베강 동쪽</td><td>I</td><td>41</td><td>4.70</td><td>1.40</td><td>180</td><td></td><td></td><td></td><td></td><td>3</td><td></td></tr>
<tr><td>II</td><td>57</td><td>7.50~9</td><td>1.60</td><td>500~630</td><td></td><td></td><td></td><td></td><td>3</td><td></td></tr>
<tr><td>III</td><td>60~70</td><td>8.20~9</td><td>1.60~2.0</td><td>470~700</td><td>118~132</td><td>8.20~9</td><td>1.6~2.0</td><td>1,000~1,200</td><td>4</td><td></td></tr>
<tr><td colspan="2">IV</td><td>80~85</td><td>9.50</td><td>2.50</td><td>1000~1500</td><td>85</td><td>9.50</td><td>2.5~2.8</td><td>1,250~1,450</td><td>7(2단 적재)</td><td></td></tr>
<tr><td colspan="2">Va</td><td>95~110</td><td>11.40</td><td>2.50~2.8</td><td>1500~3000</td><td>95~110</td><td>11.40</td><td rowspan="6">2.5~4.5</td><td>1,600~3,000</td><td rowspan="6">9.1
(컨테이너 3단의 경우 최대 허용 높이)</td><td></td></tr>
<tr><td colspan="2">Vb</td><td></td><td></td><td></td><td></td><td>172~185</td><td>11.40</td><td>3,200~6,000</td><td></td></tr>
<tr><td colspan="2">VIa</td><td></td><td></td><td></td><td></td><td>95~110</td><td>22.80</td><td>3,200~6,000</td><td></td></tr>
<tr><td colspan="2">VIb</td><td>140.00</td><td>15.00</td><td></td><td></td><td>185~195</td><td>22.80</td><td>6,400~12,000</td><td></td></tr>
<tr><td colspan="2">VIc</td><td></td><td></td><td></td><td></td><td>270~280</td><td>22.80</td><td>9,600~18,000</td><td></td></tr>
<tr><td colspan="2">VII</td><td></td><td></td><td></td><td></td><td>285</td><td>33~34.2</td><td>14,500~27,000</td><td></td></tr>
</table>

쉬어가기

항구를 나타내는 'port'가 왼쪽이라고?

화물과 승객을 실은 배들이 안전하게 드나드는 시설이 있는 곳을 항구(port)라 한다. 따라서 다른 나라를 여행할 때 그 나라로 들어가려면 여권(passport)이 필요하고, 항공기를 이용한 하늘의 항구라는 뜻으로 공항(airport)이 등장한다. 이 단어들에 모두 'port'가 붙어 있다.

또 배 앞쪽(뱃머리)을 바라보고 섰을 때 왼쪽과 오른쪽을 가리켜 각각 포트(port, 좌현)와 스타보드(starboard, 우현)라고 한다. 이 용어의 유래는 처음 배를 이용하기 시작하던 시기에 키잡이라고 하는 노(steering oar)를 이용해서 배의 방향을 조종했는데, 이 노를 놓는 위치가 배의 오른쪽에 있어서 '키잡이 노가 있는 위치(board)'라는 뜻으로 '스타보드'라고 하면서였다고 한다. 바이킹 시대에도 배

바이킹선 박물관에 전시된 900년경 바이킹선:
노르웨이 오슬로의 피오르에서 발굴되었다.

오른쪽에 키잡이 노가 있었고 방향타(rudder)가 발명되기 전까지 이 노를 사용했다. 또 다른 얘기는 별(star)을 관측하는 곳이라고 해서 그렇게 불리게 되었다고도 한다.

왼쪽은 짐을 싣는 곳이라고 해서 '라보드(larboard)' 또는 '짐을 싣는 쪽(loading side)'이라고 했는데, 라보드는 스타보드와 혼동할 수 있어 항구에 접하는 곳이라 해서 포트라고 부르게 되었다고 한다. 그래서 항구의 의미인 포트가 배의 왼쪽을 의미하고, 짐은 항상 배 왼쪽으로 실었다.

항구의 의미인 포트는 요즘 컴퓨터나 인터넷에도 많이 사용된다. USB포트, 인터넷 접속 포트 등과 같이 USB나 인터넷 등에 연결되는 자리라는 뜻이다. 이는 배가 부두에 접안하여 육지와 배가 연결되는 것처럼, 처음 연결되는 지점을 의미한다.

또 다른 예를 보면, 패럴렐 포트(parallel port)는 프린터 기기의 케이블을 꽂는 포트가 되고, FTP(file transfer protocol, 파일 전송용 프로토콜) 포트는 FTP로 연결되는 네트워크상에서 다른 컴퓨터와 연결되는 통로라고 할 수 있다.

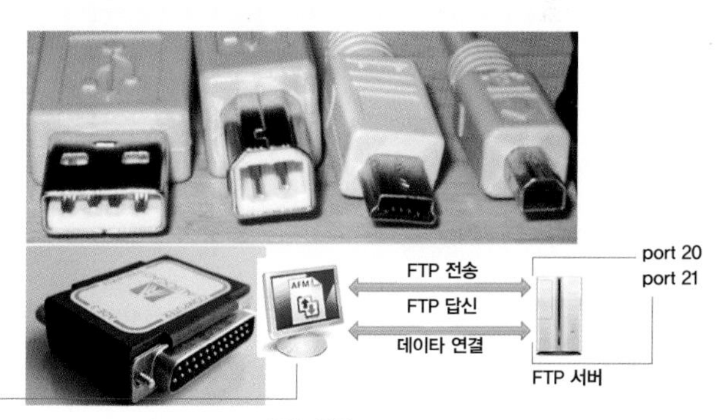

FTP 포트

쉬어가기

북극해로 이어지는 해협의 특별한 국경선: '위스키 전쟁' 후 그어진 국경선 1,280미터

덴마크는 200년 넘게 그린란드를 통치했으나, 1979년 그린란드가 자치국이 된 후 외교, 국방 등에 대해서만 책임을 지고 있다. 그린란드와 캐나다는 세계에서 가장 긴 바다(해양) 국경을 공유하는데 그 길이가 약 3,900킬로미터이다.

네어스해협(Nares Strait)*의 중앙에 있는 한스섬(Hans Island)은 거의 원형의 무인도로 폭이 약 1.3킬로미터이다. 두 나라는 오랫동안 서로 섬 소유권을 주장해 왔는데, 그 방법이 너무 평화적인 것으로 유명했다. 캐나다와 덴마크에서 서로 번갈아 이 섬을 방문하여, 각 국가의 국기를 세우고, 환영 인사 표지판과 함께 대표적인 위스키를 놓고 왔다고 한다.

2022년 덴마크와 캐나다는 이 섬의 중앙에 국경선 1,280미터를 긋기로 하여 평화롭게 영토분쟁이 종료되었다.

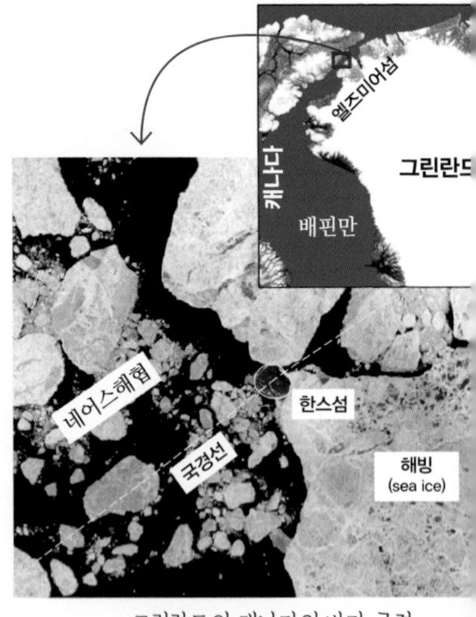

그린란드와 캐나다의 바다 국경

* 네어스해협: 캐나다 엘즈미어섬과 그린란드 사이의 해협으로 배핀만(Baffin Bay)과 북극해의 링컨해(Lincoln Sea)를 연결한다.

02

유럽의 운하

유럽에서 운하의 발달

10세기 중반 영국에서 로마 시대 이후 유럽 최초로 운하(Glastonbury Canal, 1.75킬로미터)가 건설되었지만 16세기 중반에 폐쇄되었다. 이후 13세기 이탈리아 북부에서 밀라노를 연결하는 운하(Naviglio Grande, 1272년)가 만들어지고, 14세기에는 네덜란드에서 처음으로 갑문 운하가 등장했으며, 독일에서도 13개 갑문으로 이루어진 슈테크니츠 운하(Stecknitz Canal, 1398~1893)도 건설되었다.

유럽에서는 산업혁명 이전에도 상업과 무역이 크게 번성하여 연안에서 내륙 도시로 연결하는 튼튼하고 믿을 만한 교통수단이 필요했고, 절대 군주국가 체제의 중상주의

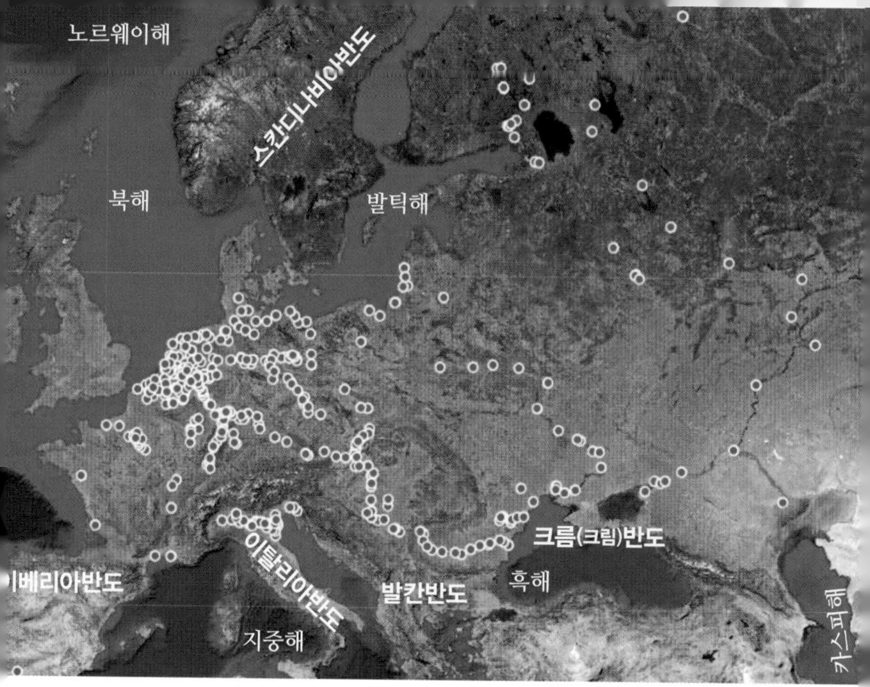

그림 2-1 유럽 내륙에 있는 항구(유엔유럽경제위원회, UNECE)

시대인 17~18세기에 많은 운하 건설이 이루어졌다. 강이 발달하고 산악지대가 거의 없는 북유럽을 중심으로 운하는 상업과 문명의 발전에도 대단히 중요한 역할을 맡았다.

우리나라에는 내륙에 있는 항구를 보기가 어렵지만, 유럽에서는 내륙 수로에 약 200개의 항구가 있다. 항구란 바다를 항해하던 배가 드나들 수 있는 곳인데, 어떻게 바다와 접해 있지도 않은 육지 깊숙한 곳에 항구가 있을 수 있을까? 이러한 궁금증은 유럽의 큰 강을 표시한 지도를 보면 풀린다. 강은 바다와 연결되어 있고, 이 강이 육지를 가로질러 흐르기 때문에 배가 드나들 수 있는 것이다.

그런데 강만 있으면 항구를 만들 수 있을까? 유럽은 배가 다닐 수 있도록 강을 정비하고 추가로 운하를 건설하여 배가 정박할 수 있게 한 것이다. 결국 항구가 많은 것은 운하가 많다는 뜻이며, 바다의 뱃길과 연결된 내륙 운하를 통해서 내륙 도시로의 무역이 활발하게 이루어지고 있다.

〈그림 2-2〉는 유럽 국가별 운하의 위치와 강의 분포를 보여주며, 그림에서 알 수 있듯이 주요 강들을 중심으로 운하가 분포되어 있다. 또한 영국을 제외하고는 운하가

그림 2-2 유럽 운하와 강

특정 국가에 한정되지 않고 주변 나라들과 연결되어 있고, 바다로 이어지는 특징을 보인다. 이는 많은 강들을 기반으로 운하가 발달했기 때문이다. 스웨덴과 핀란드도 운하가 있으나 겨울철에는 얼어 버리기 때문에 이용할 수 없다.

에스파냐와 포르투갈의 운하

대항해시대에 활약했던 포르투갈과 에스파냐(스페인)의 운하는 다른 유럽국가들에 비해서 적은 편이다. 포르투칼의 대표적인 운하는 포르투에서 에스파냐 국경까지 이어지는 도루(Douro) 운하이다. 또한 포르투갈의 베니스라고 불리는 운하 도시(아베이루)와 수도인 리스본(리스보아)에서 타구스강을 따라 형성된 수로도 있다.

1972년에 완공되어 현재도 운용 중인 도루 운하는 211킬로미터로, 철광석 운송 목적으로 포르투 항에서 도루강(에스파냐어로는 두에로Duero강)을 따라 에스파냐 국경까지 이어지는 강을 운하로 만든 것이다. 5개 갑문이 모두 5개의 댐에 각각 설치된 것이 특징이다. 예를 들어 카라파텔루(Carrapatelo) 갑문은 길이 83미터, 폭 11.4미터의 배를 35미터 수직 이동을 할 수 있고 옆에 수력발전소도 있다.

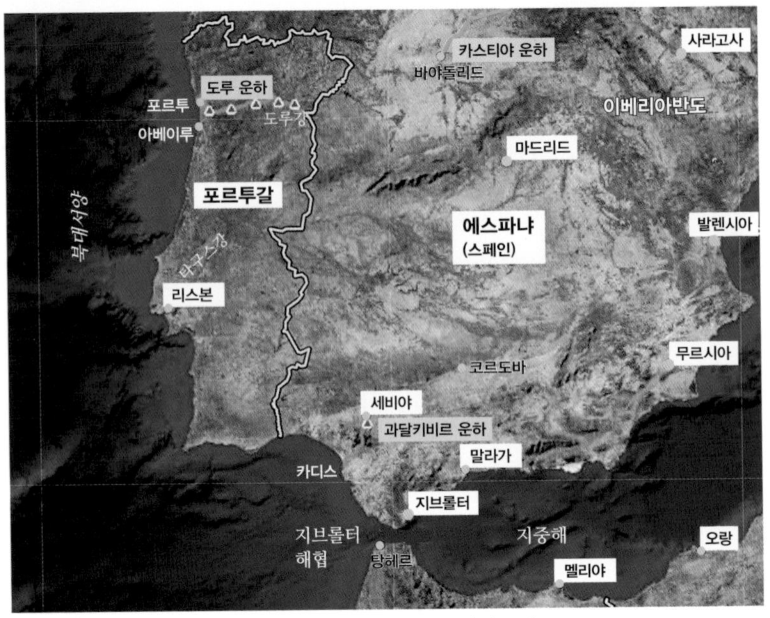

그림 2-3 에스파냐와 포르투갈의 운하

에스파냐 북부에는 세계문화유산인 카스티야(Castilla) 운하(207km, 1849년)가 있는데, 400킬로미터 건설을 목표로 했다가 중단된 운하이다. 에스파냐에서 유일한 선박 운항 수로는 역사가 상당히 오래된 과달키비르 운하(Guadalquivir Canal, 80km)로 로마 시대에는 코르도바까지 배가 다녔다고 한다. 현재는 최대 220미터 길이의 배가 에스파냐 안달루시아주 과달키비르강 하구 카디스만에서 세비야 항까지 운항하고 있다. 세비야 항 입구에는 갑문과 도개교가 함께 있고, 이 운하를 거쳐서 마드리드, 빌바오 등 내륙으로 물적 유통이 이루어진다. 이 운하 덕분에 내륙 도시 세비야는 항구도시로 발달했다. 이 도시는 명문 축구팀으로도 유명하지만, 콜럼버스가 항해를 시작한 곳이기도 하고 그의 무덤도 있다. 이 운하는 계속 확장 공사를 거쳤는데 1940~1962년에 만여 명의 정치범이 공사에 동원되었다고 한다.

지브롤터해협

지브롤터해협(Strait of Gibraltar)은 대서양과 지중해를 경계 짓는 해협으로, 최소 폭 13킬로미터(에스파냐의 푼타데타리파Punta de Tarifa에서 모로코의 푼타시레스Punta Cires 사이), 길이 58킬로미터, 최대 수심 300미터인 이 해협은 지중해와 대서양을 잇는 군사요충지이다. 그런 영향으로 에스파냐에 접하고 있는 지브롤터는 영국령이고, 모로코 끝단 세우타는 에스파냐 영토의 자치 도시이다. 최근에 아프리카 난민이 세우타 국경을 많이 넘어가는데, 이는 지중해를 건너지 않고 유럽으로 들어가는 가장 쉬운 방법이기 때문이다. 면적은 충남 장항읍과 비슷한 18.5제곱킬로미터, 인구는 8.2만 명 수준이다. 모로코는 에스파냐에 세우타 반환을 요구하

그림 2-4 지브롤터해협 주변의 인공위성 사진(2020년 10월 28일, Sentinel-2)

고 있어 영토분쟁 지역이라고 할 수 있다.

이밖에 지중해 연안에 에스파냐 영토로 모로코와 접하는 곳들로는 멜리야와 페논데벨레스데라고메라섬(Penon de Velez de la Gomera, 영어: 라벤더록Lavender Rock)이 있다.

지브롤터해협은 유럽에 속하는 이베리아반도와 아프리카 모로코를 연결하는 곳이라 모로코의 사회와 문화는 유럽에 가깝다고 한다. 이 해역은 '내부파(바닷물이 수직 방향으로 밀도가 서로 달라 생기는 경계면에서 일어나는 파동. 보통 수심 50~100미터에서 일어난다)'로도 유명하다.

쉬어가기

특별한 국경선: 세계에서 가장 짧은 '74미터' 국경선

페논데벨레스데라고메라섬은 지중해의 북아프리카 모로코 연안에 있는 바위섬으로 1508년부터 에스파냐 영토이다. 원래는 작은 자연섬이었으나, 1934년 모래 폭풍이 발생하면서 폭 74미터의 지협이 생성되어 모로코 본토와 연결되었다. 이로써 세계에서 가장 짧은 국경선이 되었다. 이곳에는 60여 명의 군인이 거주하고 있고 헬리콥터도 접근할 수 있다.

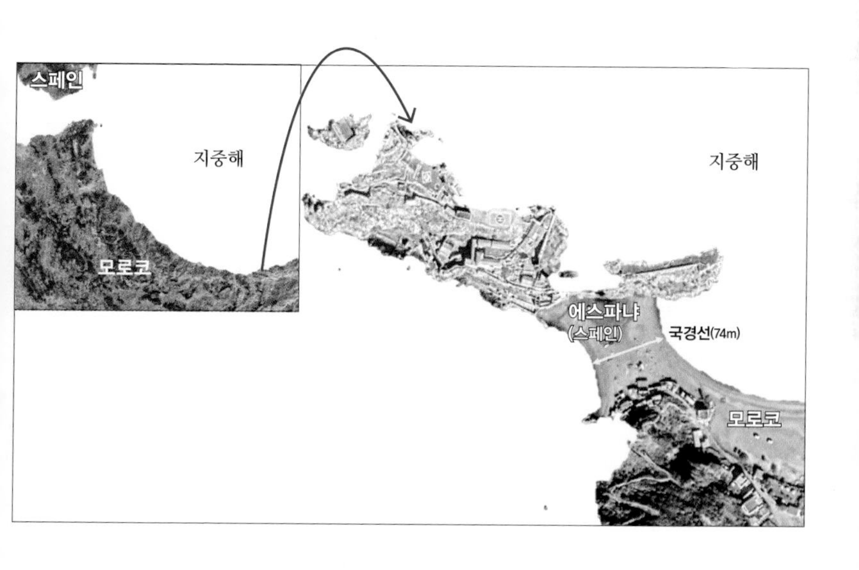

영국의 전국적인 운하 연결망

영국은 전 국토에 걸쳐 6,400킬로미터에 이르는 운하 연결망을 갖춘 최초의 국가이다. 영국은 이 운하 연결망으로 원자재를 생산 시설로 보내고, 만들어진 상품을 빠르게 수요자에게 전달할 수 있어 산업혁명 당시 아주 중요한 역할을 했다. 이는 관련 토목공학 기술들이 확보되었기에 가능했다.

중세 후기 이후 영국해협 연안 엑스강(River Exe) 하구에서 엑서터 도시로 연결되는 엑서터 운하(Exeter Ship Canal, 1567년)를 비롯해 산업혁명 이후 첫 운하인 영국 북서쪽 머지강-세인트헬렌스를 연결하는 생키 운하(Sankey Canal, 1757~1963년), 머지강 하구 근처의 브리지워터 운하(Bridgewater Canal, 1761년) 등이 건설되었다. 1770년대에서 1830년대를 영국 운하의 황금기라고 한다. 이때 대부분의 운하 연결망이 형성되었고, 이후에는 철도의 효율성이 높아지면서 쇠퇴기를 맞았다.

20세기에는 도로 운송 체계가 중요해지면서 많은 운하가 폐쇄되었다. 이 운하들의 대부분은 주로 관광이나 여가활동 목적으로 이용되고 있다.

스코틀랜드
던디
퍼스
1
2
3
글래스고
에든버러
운하(강)
강의 운하화
운하
갑문
북아일랜드
란
벨파스트
뉴캐슬
4
맨섬
5
영국
미들즈브러
아일랜드
아일랜드해
요크
리즈
7
헐
더블린
리버풀
맨체스터
8
9
메나이해협
머지강
6
셰필드
노팅엄
웨일즈
버밍엄
킹스린
밀퍼드헤이븐
글로스터
펠릭스토
10
브리스톨해협
브리스톨
11
런던
엑서터 운하
다트강
사우샘프턴
도버

그림 2-5 영국의 운하

현재 이용하고 있는 영국의 주요 운하는 다음과 같다.

①, ② 포스/클라이드 운하(Forth & Clyde Canal): 1790년 에든버러와 글래스고를 잇는 56킬로미터의 이 운하는 스코틀랜드를 동서로 관통한다. 자연 운하인 클라이드 운하(Clyde Canal, 35킬로미터)와 포스강의 포스 운하(Forth Canal, 21킬로미터)를 합친 이름으로, 길이 183미터와 폭 26.2미터 선박이 운항할 수 있다. 이 운하에는 갑문이 아닌 회전 기어(폴커크휠) 방식의 리프트가 사용된다.

③ 테이 운하(Tay Canal): 스코틀랜드 테이강에 있는 길이 49킬로미터의 자연 운하로 길이 90미터, 폭 13.5미터의 선박이 다닐 수 있다.

④ 타인강 운하(River Tyne Canal): 영국 북동부에 있는 타인강 운하는 북해 연안에서 와일럼(Wylam)을 연결하는 40킬로미터 구간이다. 타인강은 템스강에 이어 영국에서 두 번째로 오래된 강(약 3천만 년 전 형성)으로, 길이 183미터, 폭 26.2미터의 선박이 운항한다.

⑤ 티스강(River Tees Canal) 운하: 미들즈브러에서 북해 연안까지 14킬로미터 구간으로 갑문은 없다.

⑥ 맨체스터 선박 운하(Manchester Ship Canal): 아일랜드해와 접한 리버풀의 머지강 하구의 갑문에서 시작하여 머

지강 옆으로 별도의 인공수로가 1894년에 개통되었다. 맨체스터의 트래퍼드 다리(Trafford road bridge, 근처에 맨유 홈구장이 있음)까지 56킬로미터로, 갑문이 5개 있다. 길이 161.5미터, 폭 19.35미터의 선박을 18미터 높이로 이동시킬 수 있다(유럽 운하 등급 VIa. 이에 관한 내용은 35쪽 '유럽 내륙 운하 분류표' 참조).

⑦ 에어/칼더 운하(Aire & Calder Navigation Canal): 에어강과 칼더강의 55킬로미터 구간이다. 비교적 작은 선박(길이 61미터, 폭 6미터)이 오가는 운하로 갑문이 16개 있다.

⑧ 셰필드/틴슬리 운하(Sheffield & Tinsley Canal): 틴슬리에서 셰필드 도심까지 6.3킬로미터의 구간이다.

⑨ 트렌트 운하(River Trent Canal): 게인즈버러에서 트렌트강을 따라 험버강을 만나는 구간으로 42킬로미터이다. 유럽 운하 분류에서 IV등급으로 배 높이 5.1미터 정도의 소형 선박이 오간다.

⑩ 글로스터/샤프네스 선박 운하(Gloucester & Sharpness Ship Canal): 1827년에 개통했으며 길이는 26.5킬로미터이다. 브리스톨해협과 가까운 샤프네스에서 글로스터를 연결하고 갑문이 1개 있다. 길이 64미터, 폭 9.6미터 정도의 선박이 이용한다.

⑪ 템스 운하(Thames Canal): 캔베이포인트-템스 베리어-해머스미스 브리지 3구간으로 되어 있고, 총길이는 79킬로미터이다. 런던까지는 길이 160미터, 폭 30미터 선박이 운항한다(유럽 운하 등급 Va 이상).

지중해를 북해와 대서양으로 연결하는 프랑스 운하

프랑스의 운하는 100개 정도로 총길이는 8,000킬로미터가 넘는다. 비록 전 국토에 촘촘하게 연결되어 있지 않지만, 개별 운하가 길고 각각의 운하들과 잘 연결되어 있다. 또한 여러 강과 이어지도록 운하를 개발해 주변 국가들과도 서로 잘 연결되어 있다. 프랑스 운하는 북해와 지중해 그리고 대서양과 지중해를 이어주고 있다.

프랑스의 주요 운하는 다음과 같다.

① 루아르 운하(Loire Canal): 프랑스에서 가장 긴 루아르강의 52킬로미터 구간으로, 낭트까지 이어진다(유럽 운하 등급 VII). 루아르 계곡은 유네스코 세계유산으로 등재되어 있다.

② 지롱드-가론 운하(Gironde-Garonne Canal): 가론강에서 지롱드강 하구까지 150킬로미터 구간으로, 길이 100

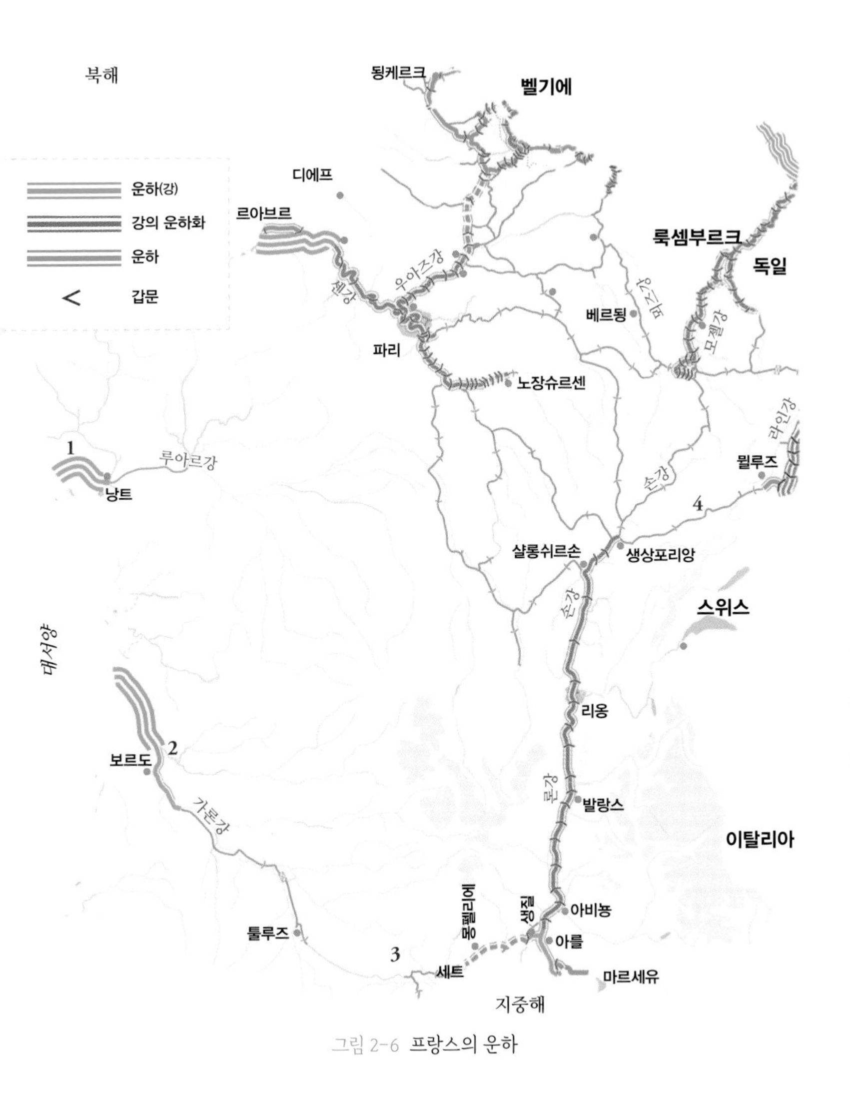
북해
됭케르크
벨기에
디에프
운하(강)
강의 운하화
운하
갑문
르아브르
룩셈부르크
독일
우아즈강
센강
베르됭
뫼즈강
모젤강
파리
노장슈르센
라인강
1
루아르강
낭트
뮐루즈
손강
4
샬롱쉬르손
생상포리앙
스위스
손강
대서양
리옹
2
보르도
론강
발랑스
가론강
이탈리아
몽펠리에
생질
아비뇽
툴루즈
아를
3
세트
마르세유
지중해

그림 2-6 프랑스의 운하

미터의 선박이 오갈 수 있다. 이 운하에서 툴루즈까지의 운하(193킬로미터, 1856년 개통)와 미디(Midi) 운하를 거치면 지중해로 연결된다. 보르도에 있는 '달의 항구(Port of the Moon)'는 유네스코 세계유산에 등재되어 있다.

③ 미디 운하(Midi Canal): 길이는 240킬로미터로 1681년에 개통되었다. 1996년 유네스코 세계유산으로 등재되었고, 2016년에는 국제 역사 토목공학 상징물로 지정되었다. 지롱드-가론 운하와 연결되어 대서양과 지중해를 잇는다. 또한 론-세트(Rhône-Sète) 운하를 거쳐 프로방스로도 이어진다.

④ 손강-라인강 운하(Saône-Rhine Canal): 1833년에 개통되었으며 길이는 237킬로미터이다. 북해와 지중해를 연결하는 중요한 운하이다.

아름다운 운하 도시를 품은 벨기에

벨기에의 아름다운 5대 운하 도시는 브루게(브뤼주), 겐트, 아우데나르드, 코르트레이크, 투르네이다. 브루게는 벨기에의 베네치아라고도 하는 운하 도시이며, 중세의 모습을 그대로 보존하고 있어 유네스코 세계유산에 올라 있다.

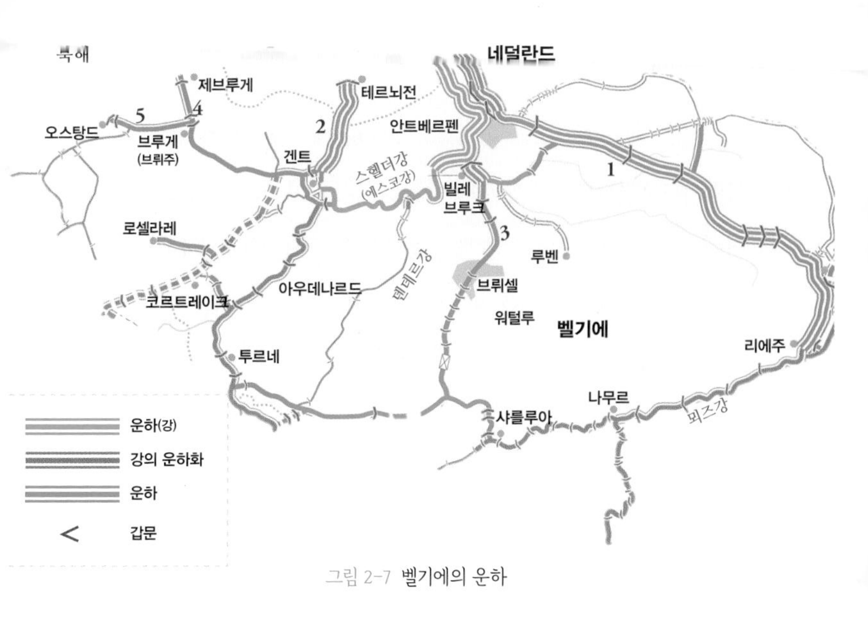

그림 2-7 벨기에의 운하

반면 벨기에는 약탈을 위해 아프리카 콩고민주공화국에도 운하를 개발하기도 했다.

벨기에 헤이그와 브뤼셀에는 NATO 본부, 유럽연합(EU) 위원회와 의회 등 국제기구 본부와 지부가 있는데, 유럽을 대표하는 중세 도시의 전성기를 누렸던 영향이 아니었을까 싶다. 그래서 벨기에의 수도 브뤼셀을 EU의 수도라고도 한다. 미국에서 프랑스 사람이 만든 것으로 오해하여 '프렌치 프라이'라고 부르는 감자튀김이 시작된 벨기에는 초콜릿과 와플도 유명하다.

벨기에의 주요 운하는 다음과 같다.

① 알베르 운하(Albert Canal): 1939년에 개통된 벨기에 북동부의 안트베르펜과 리에주를 잇는 길이 약 130킬로미터, 폭 24미터, 갑문이 6개인 운하이다. 국왕 알베르 1세(1875~1934, 레오폴트 2세의 조카)의 이름에서 따왔고, 흘수가 최대 2.7미터인 2,000톤급 선박이 운항한다. 뫼즈(Meuse)강과 스헬더강(Schelde, 프랑스어 에스코Escaut강)을 연결하고, 공업 발달 지역을 횡단하는 이 운하는 벨기에 전체 운하 수송량의 반 이상을 차지한다.

② 겐트-테르뇌전 운하(Gent-Terneuzen Canal): '바다(Zee, Sea) 운하'라고도 하며 길이 32킬로미터이다. 길이 265미터, 폭 34미터의 선박이 운항할 수 있다. 벨기에 겐트에

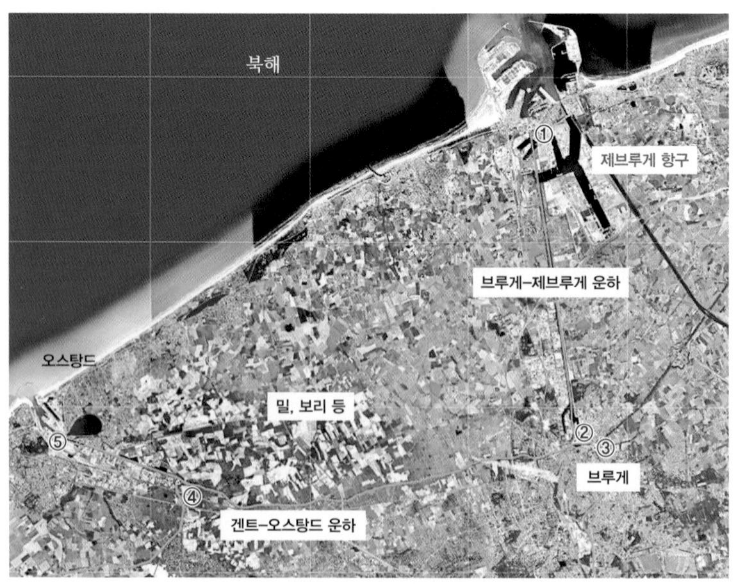

그림 2-8 인공위성으로 찍은 브루게를 둘러싼 운하

서 네덜란드 스헬더강 하구에 있는 테르뇌전 항구를 통해서 바다로 연결된다. 1827년에 개통했지만 1830년 네덜란드에서 벨기에가 독립하자 네덜란드는 1940년까지 이 운하를 폐쇄하기도 했다.

③ 브뤼셀-스헬더 해상운하(Brussels-Schelde Maritime Canal): 1561년에 개통되어 현재도 선박이 운항할 수 있는 유럽에서 가장 오래된 운하이다. 길이 28킬로미터(폭 30미터)로 브뤼셀에서 스헬더강을 연결하며, 연결 지점이 빌레브루크(Willebroek)이라 '빌레브루크 운하'라고도 한다.

④ 브루게-제브루게 운하(Brugge-Zeebrugge Canal): 1905년에 개통된 길이 12킬로미터의 운하로, 브루게에서 연결되는 두 개의 운하 가운데 브루게-제브루게 운하는 '바우더베인(Boudewijn) 운하'라고도 하며 북해를 연결하는 인공 운하이다. 브루게의 고대 해양 도시의 위상을 회복하기 위해서, 원래 있는 수로가 퇴적으로 막히자 새롭게 건설한 것이다. 참고로 운하를 건설하면서 최초의 켈트족 유적이 발견되었는데 집과 바다에서 소금을 추출하는 기술 흔적이 확인되었다. 다른 하나는 브루게에서 서쪽 방향으로 1623년에 개통된 24.6킬로미터 길이의 겐트-오스탕드(Gent-Oostende) 운하가 있다.

운하 수송률이 가장 높은 네덜란드

『하멜 표류기』, '헤이그 특사' 등으로 알려진 네덜란드는 국토의 4분의 1이 해수면보다 낮은 나라이며, 강 하구에 댐을 만들어 운하를 기반으로 한 항구도시로 발전했다. 로테르담(Rotterdam)이나 암스테르담(Amsterdam)에서 '담'은 댐을 의미하고, 로테르담은 해수면보다 5미터 이상 낮지만 둑과 운하를 통해 '유럽의 관문'으로 성장하게 되었다.

2010년에 유네스코 세계유산으로 등재된 네덜란드 수도 암스테르담은 1275년 암스텔(Amstel)강에 둑을 쌓아 건설된 암스텔레담(Amstellerdam)에서 이름이 유래되었으며, 세계적인 운하의 도시로 거미줄처럼 서로 일정하게 연결된 100킬로미터 이상의 운하가 있어 '북쪽의 베네치아'라 불린다. 또한 『안네의 일기』 주인공인 안네 프랑크의 집(Anne Frank Huis)도 있다. 북해 연안에서 암스테르담으로의 길목에 있는 에이마위던에는 세계 최대의 갑문 수조(길이 500미터, 폭 70미터)가 있다.

네덜란드의 주요 운하는 다음과 같다.

① 암스테르담 운하(Amsterdam Canal): 1625년 네덜란드 북부지역에 건설된 운하로 길이 100킬로미터 이상(90여

개 섬과 1,500여 개 다리로 구성)이다.

② 암스테르담-라인 운하(Amsterdam-Rhine Canal): 1952년에 건설된 암스테르담과 라인강을 연결하는 운하로 길이는 72킬로미터이다.

③ 북해 운하(North Sea Canal): 1876년에 건설된 길이 25킬로미터 운하로 북해에 접한 에이마위던과 암스테르담을 연결하고, 암스테르담-라인 운하로 이어진다.

④ 니우웨워터웨그(Nieuwe Waterweg): '새로운 수로(New

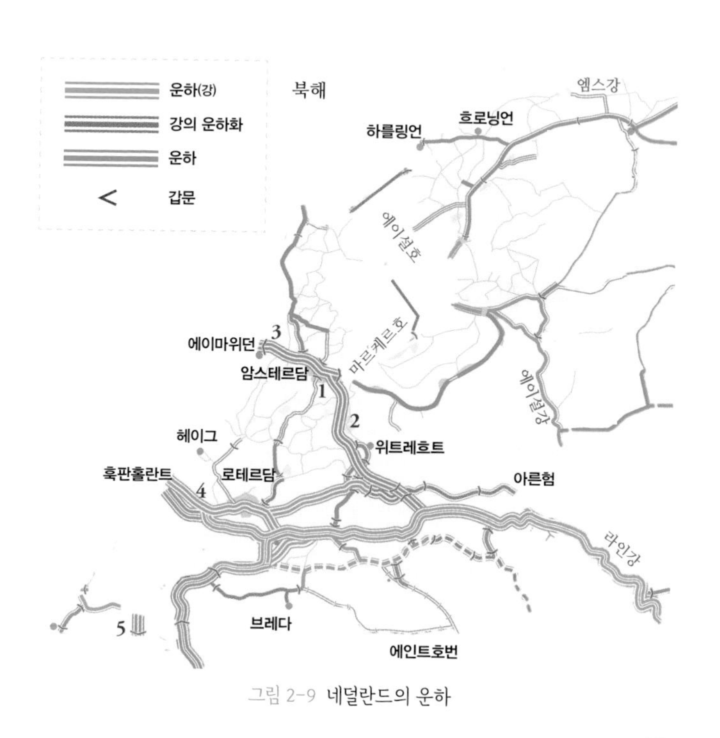

그림 2-9 네덜란드의 운하

Waterway)'라는 뜻으로 1872년에 건설되었다. 길이 20.5킬로미터로 로테르담과 북해의 훅판홀란트(Hoek van Holland, 네덜란드 곶)를 연결한다.

⑤ 자위트-베블란트(Zuid-Beveland) 횡단운하: 1866년 개통되었으며, 자위트-베블란트반도를 가로지르는 길이 9킬로미터의 운하이다.

라인강과 엘베강을 중심으로 발달한 독일 운하

독일의 내륙 운하는 유명한 라인강과 엘베강을 포함하며 총길이는 7,467킬로미터(2013년 기준)이다. 45개의 운하가 있으며, 현재도 선박 운항을 할 수 있는 곳이 37개이다. 전국토를 촘촘하게 연결하고 있으며, 연안의 함부르크 항을 포함하여 22개의 항구가 있다. 1945년 포츠담 회담(Potsdam Conference)이 열린 곳도 운하가 연결되어 있다.

라인강은 독일의 많은 화물 운송을 맡고 있으며, 라인강과 연결된 마인-도나우(영어 이름은 다뉴브) 운하(총칭해서 '라인-마인-도나우 운하'라고 함)는 북해 연안 네덜란드 로테르담 항에서 독일과 동유럽을 거쳐 흑해까지 연결하는 중요한 내륙 수송로이다. 세계에서 가장 높은 곳에 설치된 갑

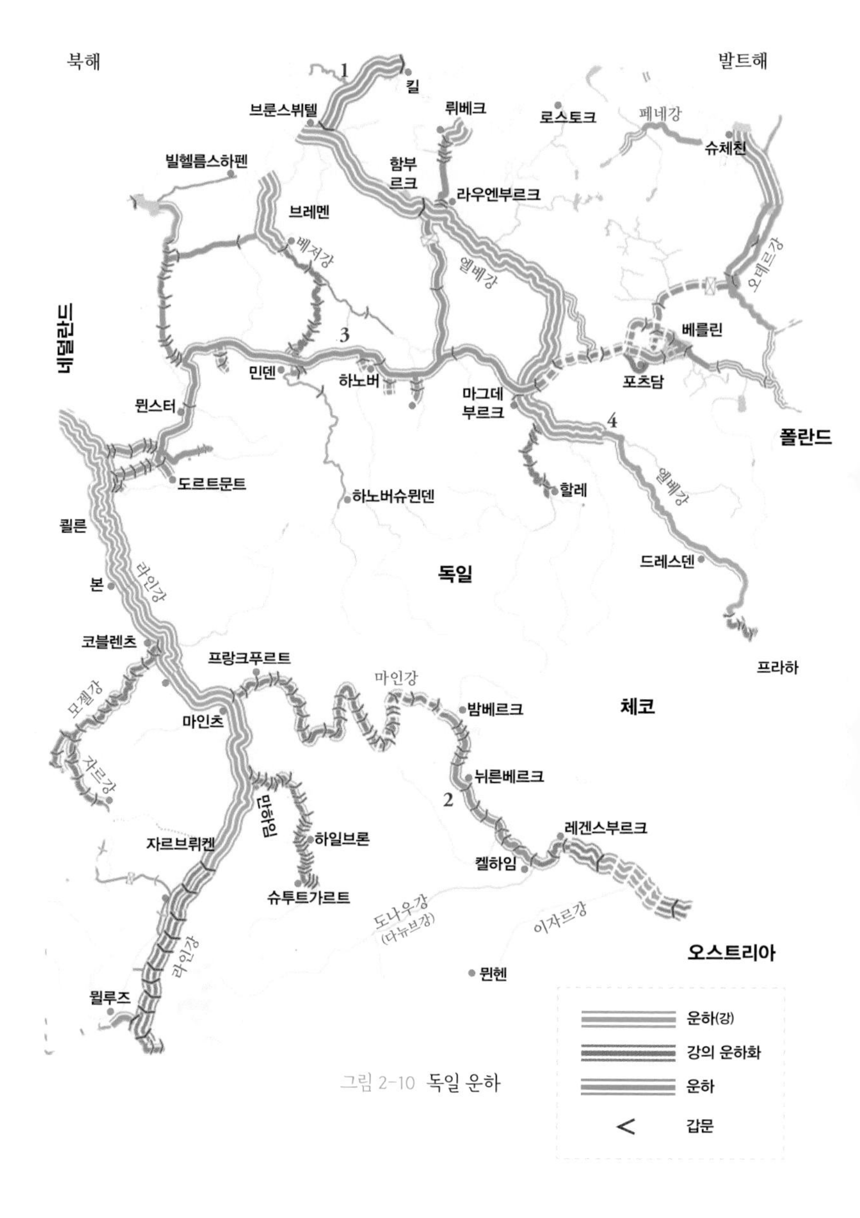
북해
발트해
1
킬
브룬스뷔텔
뤼베크
로스토크
페네강
슈체친
빌헬름스하펜
함부르크
라우엔부르크
브레멘
베저강
엘베강
오데르강
네덜란드
3
베를린
민덴
하노버
포츠담
마그데부르크
뮌스터
4
폴란드
도르트문트
할레
하노버슈뮌덴
엘베강
쾰른
드레스덴
독일
본
라인강
코블렌츠
프랑크푸르트
프라하
마인강
모젤강
밤베르크
체코
마인츠
자르강
뉘른베르크
네카어
2
하일브론
레겐스부르크
자르브뤼켄
켈하임
슈투트가르트
도나우강
(다뉴브강)
이자르강
라인강
오스트리아
뮌헨
뮐루즈
운하(강)
강의 운하화
운하
갑문
그림 2-10 독일 운하

문이 이 운하에 있다. 뉘른베르크에서 남쪽 힐폴슈타인과 바흐하우젠 사이로 해발 406미터이다. 즉 바다에 다니던 배가 갈 수 있는 가장 높은 지점이라 할 수 있다.

주요 운하는 다음과 같다.

① 킬 운하(Kiel Canal): 1784년 아이더(Eider)강을 확장하는 방식으로 깊이 3미터, 폭 29미터의 운하를 개통했지만 너무 좁아 독일 해군이 사용할 목적으로 새롭게 1895년 북해와 발트해를 연결했다(길이 99킬로미터). 이로써 유틀란트반도를 돌아가는 것보다 460킬로미터가량이 단축되었다. 매일 250척이 이용하는 유럽에서 가장 복잡한 수로이며, 폭 100미터, 수심 11미터이다.

② 마인-도나우 운하(Main-Donau Canal): 1992년에 개통한 라인강-마인강 구간 끝에 있는 밤베르크에서 켈하임까지의 구간으로, 마인강과 도나우강을 연결한다. 길이 171킬로미터, 폭 55미터, 수심 4미터로 16개의 갑문이 있다. 북해 로테르담과 루마니아 흑해 연안을 연결하는 핵심 운하이다.

③ 미텔란트 운하(Mittelland Canal): '미텔란트'는 영어로 'Midland'의 의미로, 독일 중심부 운하이다. 1938년에 건설된 인공수로로 동서 방향의 수송로 역할을 하며 길이

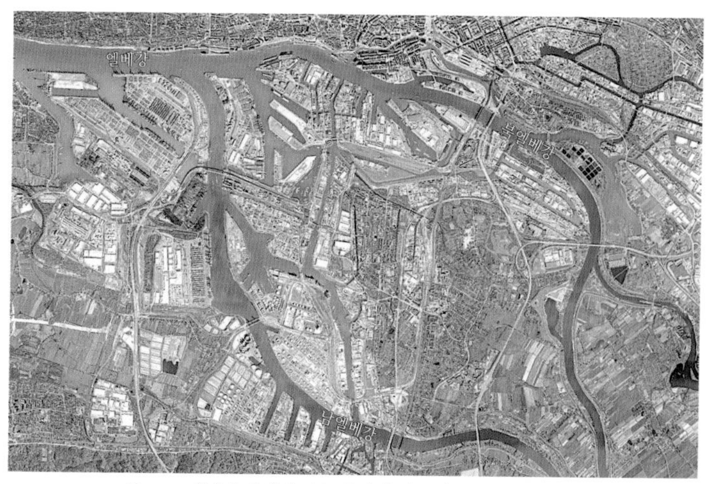

그림 2-11 엘베강 운하에 있는 독일의 대표 항구 도시 '함부르크'

는 325.7킬로미터이다.

④ 엘베강 운하(Elbe Canal): 엘베강을 이용한 운하로, 체코로 이어진다. 엘베강을 중심으로 독일에는 4개 구간이 있으며 695킬로미터에 이른다. 엘베강 운하에 있는 함부르크 항(북해 연안에서 110킬로미터에 위치)은 국제무역이 발달하여 유럽에서 세 번째로 큰 규모의 항구이다[1위 네델란드의 로테르담, 2위 벨기에의 안트베르펜(앤트워프)]. 또한 이 운하에는 세계유산으로 등재되었다가 2009년 다리가 건설되었다는 이유로 삭제된 '드레스덴 엘베 계곡(Dresden Elbe Valley)'도 있다.

쉬어가기

가뭄과 운하: 운하를 운용하기 위해서 절대적으로 필요한 물

과거에는 배가 소형이고, 화물이 적재량도 많지 않아 운하에서 가뭄에 의한 영향이 크지 않았다. 하지만 현재 선박이 대형화되고, 운송량도 증가하면서 운하의 운용을 안정적으로 하기 위해서는 일정 수심 확보가 절대적이다. 2022년 기록적인 가뭄을 겪었던 유럽에서는 많은 문제점이 발생했다. 특히 내륙 수로에 의존하는 물류의 영향이 가장 컸다.
운하의 수위(물의 높이)가 낮아지면 배가 안전하게 지날 수 있는 깊이에 영향을 끼치기 때문에 실을 화물을 줄여야 하고, 안전하게 운항하려면 더 조심해야 하므로 화물 운송비가 늘어나게 된다.
수위가 줄어든 2022년 7월에서 8월의 경우 대형 선박의 운행이 어려워졌고, 화물 운송량도 감소하게 되었다. 이에 따라 상선의 운송 지연이 벌어져 화물 비용이 5배 이상 늘어났다고 한다.

라인강 운하는 스위스 알프스에서 독일 산업 중심지를 거쳐 북해까지 이어진다. 이 운하의 연결망은 곡물에서 화학물질, 석탄에 이르기까지 다양한 제품을 생산하는 주요 경로이기도 하다.
라인강이 네덜란드 국경을 넘어서면 이름이 레인(Rijn)이라고 불리며, 에스코/스헬더(Escaut/Schelde)강과 합쳐 삼각주를 이룬다.
우리나라에 승강기 회사로 알려진 티센크루프(Thyssen Krupp AG)는

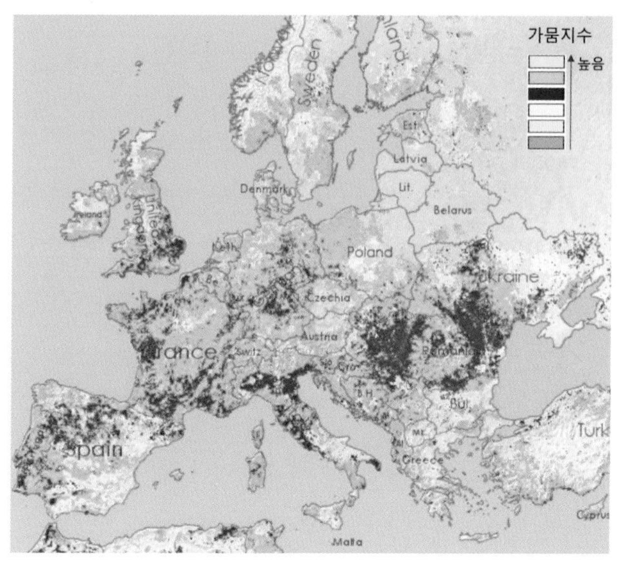

유럽의 가뭄지수(JRC, 2022. 08.)

독일에 자리한 세계 3위 철강회사로 로테르담 항구에서 독일 북서부 공업도시 뒤스부르크까지 철광석을 실어 나르는 135미터 바지선(Servia)을 이용한다. 하지만 수위가 줄어들자 좌초 등 사고를 예방하기 위해 평소보다 30~40퍼센트만 적재했다.

이탈리아의 경우, 알프스산맥 주변에 내리는 눈이 중요한데 2021년 12월부터 눈이 평소보다 70퍼센트 적게 내렸고, 2022년 가뭄으로 이탈리아에서 가장 중요한 포(Po)강 운하의 운용에도 영향을 미쳤다.

255킬로미터 호수를 운하로 사용하는 폴란드

폴란드에서는 주요 강들이 운하의 역할을 하고 있으며, 가장 중요한 내륙 수송로는 비스와강이다. 운하로 개발된 곳으로는 오드라(오데르)강 운하와 엘블롱크 운하가 있다. 오드라강 운하는 체코와의 국경까지 이어진다. 폴란드의 전체 운하 길이는 3,997킬로미터이며 호수들도 운하의 한 부분이다.

독일, 체코, 슬로바키아, 우크라이나, 벨라루스, 리투아니아, 러시아와 이웃하고 있으며 대부분의 국가들과 운하로 연결되어 있다. 폴란드 북동쪽에 붙어 있는 칼리닌그라드는 육로로 연결되지 않은 러시아 영토이며, 발트해에 위치한 러시아 부동항 3곳(칼리닌그라드, 블라디보스톡, 흑해의 세바스토폴) 중의 하나이다.

주요 운하는 다음과 같다.

① 엘블롱크 운하(Elbląg Canal): 1860년에 건설된 그단스크-엘블롱크-비아와구라 사이의 87.4킬로미터 구간이다. 최고 해발이 99.5미터라서 레일 방식의 리프트를 이용한다.

② 피스트 운하(Piast Canal): 슈체친 석호(Szczecin La-

그림 2-12 엘블롱크 운하의 레일 리프트(헤르만 페네르Hermann Penner, 1881)와 최근 모습(동그라미)

goon)와 발트해를 연결하는 길이 67킬로미터 운하이다.

③ 노테키 운하(Notecki Canal): 바르타-노테키강-비드고슈치 운하-브르다강 사이의 294킬로미터로, 길이 57미터 선박이 운항할 수 있다.

④ 비스와 운하(Wisła Canal): 그단스크에서 바르샤바까지 약 400킬로미터이며, 중간의 분기점인 비드고슈치에서 바르샤바까지는 약 252킬로미터이다.

⑤ 제란 운하(Żerań Canal): 1953년에 개통된 바르샤바에 자리한 길이 17.3킬로미터의 운하로 폭은 25~41.4미터이다.

⑥ 오드라 운하(Odra Canal): 오드르(독일어로는 오데르

Oder)강을 따라 만든 운하로 741킬로미터에 이른다.

⑦ 글리비체 운하(Gliwice Canal): 오드라 운하에서 글리비체로 이어지는 길이 41킬로미터 운하로, 길이 70미터 선박이 운항할 수 있다.

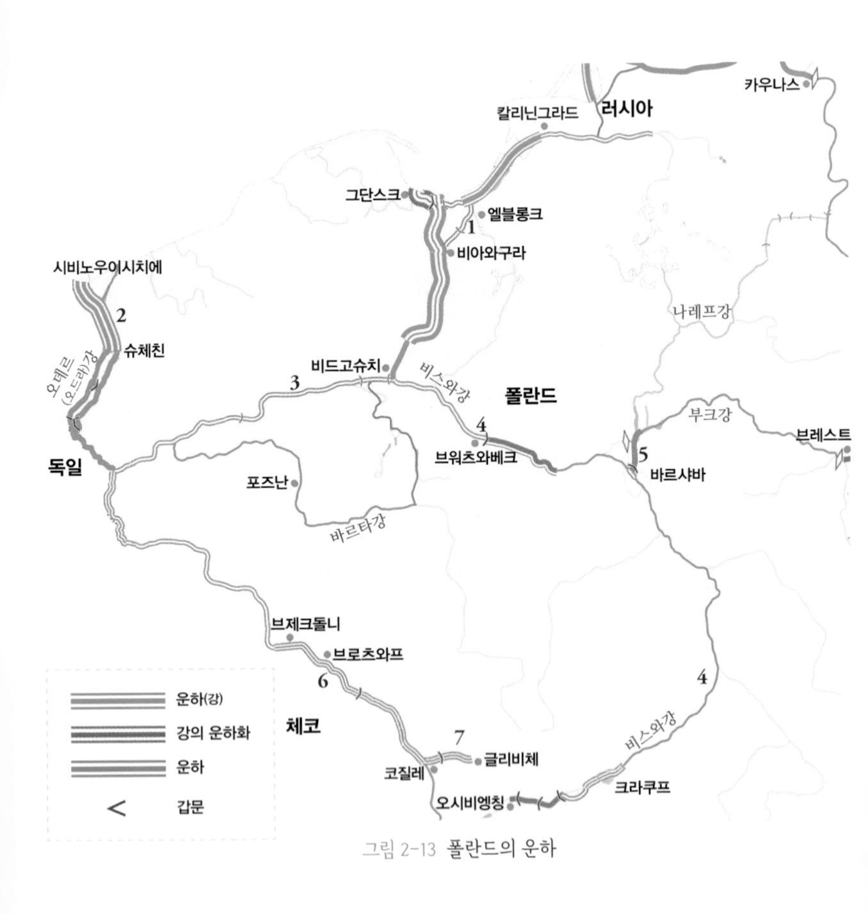

그림 2-13 폴란드의 운하

라트비아, 리투아니아, 벨라루스의 운하

발트 3국인 에스토니아, 라트비아, 리투아니아 중에서 에스토니아는 운하가 비교적 발달하지 않았을뿐더러 가장 북쪽에 있어서 겨울에는 이용하기가 쉽지 않다. 에스토니아를 제외한 라트비아, 리투아니아 그리고 이 국가들과 경계를 이루고 있는 벨라루스의 운하에 대해서 알아보기로 한다.

라트비아(Latvia)에는 발트해에서 내륙으로 10킬로미터에 자리한 수도 리가 항구로 연결하는 운하 이외에 현재 상업적인 목적을 띤 항해용 수로가 없다. 리가는 다우가바(Daugava)강 하구에 있으며 과거 다우가바강 운하는 화물 운송에 사용되었고, 북해에서 벨라루스의 베레지나(Berezina)강으로 연결되었다. 또한 리가 북부에서 가우야(Gauja)강을 연결하는 운하가 1900년경에 건설되어 통나무를 뗏목으로 엮어 강을 따라 흘려보내거나 끌어당기는 통나무 운송 방법인 목재 래프팅(rafting timber)에 사용되었다고 한다.

리투아니아(Lietuva)의 네무나스강(Nemunas/Neman) 운하는 내륙에 있는 카우나스와 발트해의 클라이페다 항구를 오가는 상선 항로로 사용되고 있다. 이 운하는 러시아 영토인 칼리닌그라드에 있는 프레골랴(Pregolya/Pregel) 운하와도 연결된다.

벨라루스(Belarus)는 과거 폴란드, 라트비아, 우크라이나와 운하로 연결되어 있었지만, 지금은 우크라이나 드네프르/드니프로강(Dnieper/Dnipro) 운하와만 이어진다.

라트비아, 리투아니아, 벨라루스의 내륙 운하는 다음과 같다.

① 다우가바강 운하(Daugava Canal): 라트비아의 수도인 리가에서 다우가바강을 따라 예캅필스까지 약 140킬로미터이지만, 지금은 갑문이 없는 댐 3곳이 설치되어 있어 보트 관광 등으로만 이용되고 있다.

② 자파드나야 드비나 운하(Zapadnaya Dvina Canal): 다우가바강의 러시아 이름이 '자파드나야 드비나'로, 이 강의 벨라루스 영토에 있는 구간을 말하며, 예전에는 베레지나강(Berezina)을 거쳐 드네프르강까지 운하로 연결되었다.

③ 네무나스강 운하 (Nemunas/Niemen Canal): 리투아니아에 있는 네무나스강의 225킬로미터 구간으로 IV등급 선박이 운항할 수 있다.

④ 프레골랴강 운하(Pregolya Canal): 칼리닌그라드에 있

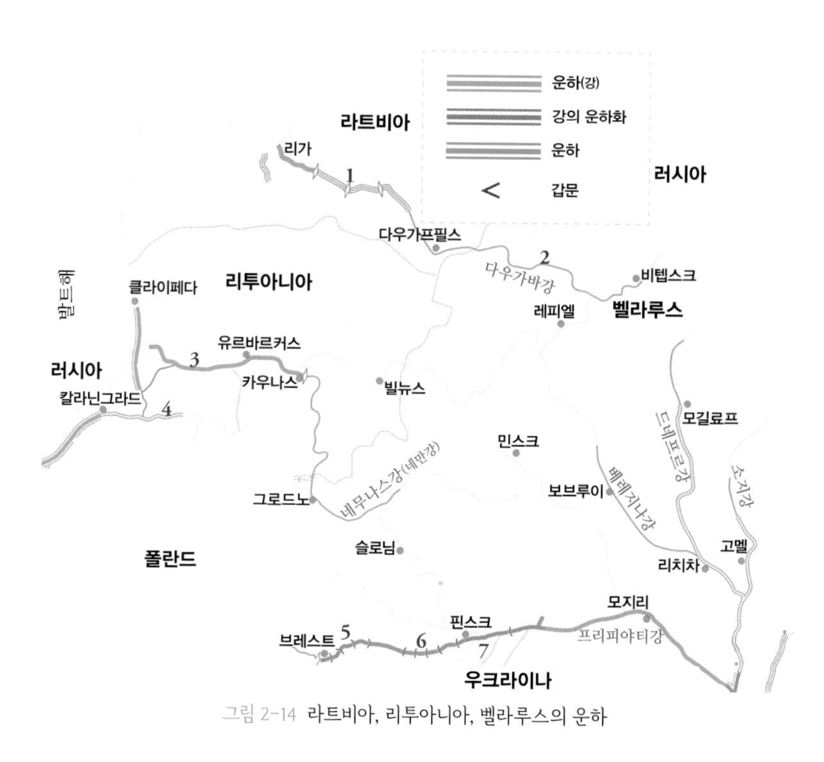

그림 2-14 라트비아, 리투아니아, 벨라루스의 운하

는 프레골랴강 49킬로미터 구간으로 칼리닌그라드에서 그바르데이스크까지 연결된다(II등급).

⑤ 무카베츠 운하(Mukhavets Canal): 벨라루스의 브레스트에서 코브린까지 62킬로미터이며, Va등급 구간으로 4개의 갑문이 있다.

⑥ 드네프르-부즈키 운하(Dneprovsko-Buzkiy Canal): 무

카베츠 운하의 동쪽으로 코브린에서 페레루프까지의 91.4킬로미터이며, IV등급 구간이다.

⑦ 피나 운하(Pina Canal): 벨라루스의 페레루프에서 핀스크를 거쳐 스타코보까지의 구간으로 89.2킬로미터이다.

시련에 놓인 우크라이나의 운하

우크라이나 내륙 운하의 총길이는 2,240킬로미터이며, 이 가운데 약 42퍼센트는 드네프르강(Dnieper/Dnipro) 운하가 차지한다. 이 운하는 제2차 세계대전 이후 수력 발전과 대용량 내륙 운송을 위해 개발되었다. 드네프르강 운하는 우크라이나 수도 키이우(키예프)에서 98킬로미터 북쪽으로 벨라루시와의 국경이 있는 프리피야티강(Prypiat) 하구에서 헤르손 근처의 드네프르강 어귀까지 길이 954킬로미터에 6개의 댐과 갑문이 있으며 3,000톤 선박(Vb등급)이 운항할 수 있지만, 운하 수송량은 감소하고 있다.

또한 도나우-흑해 운하의 흑해 연결부분인 도나우(다뉴브) 삼각주가 있고, 좌우로 3,000톤급 선박이 오갈 수 있는 각각 54킬로미터, 120킬로미터의 운하 구간이 있다.

흑해와 아조프해를 잇는 케르치해협(Kerch Strait)은 폭

3.1킬로미터(최소), 깊이 18미터로 크름반도(정확하게는 크름반도의 케르치반도)와 타만반도(Taman Peninsula) 사이에 있다. 제2차 세계대전 중 해협이 얼어붙는 겨울에는 이동이 쉬워 케르치반도는 독일과 소련의 격렬한 전투지였고, 1944년에는 소련이 임시 철도 대교를 개통했으나 몇 개월 후 유빙으로 파괴되었다. 2014년 러시아가 크름반도를 병합하여 이 해협의 통제권을 갖게 되었다. 2018년에는 우크라이나 해군 함정 3척을 나포하고, 해협을 봉쇄하기도 했다. 해협의 지배권은 군사적으로나 경제·사회적으로도 영향이 크다. 2022년 2월 러시아의 우크라이나 침공으로 다시 한 번 위기에 놓였다.

2018년 케르치해협에 크름(크림)대교(Crimean Bridge)가 개통되었다. 제2차 세계대전 후 열차 페리(train ferry, 열차가 배와 연결되어 차량을 그대로 싣는 방식)를 운행했고 이후 카페리도 등장했지만, 2020년 말에 사라졌다. 새로운 대교에는 철로와 도로가 함께 있어서 과거 선박에 의한 양쪽 반도 사이의 왕래나 운송이 대체되었다. 대교 아래로 최대 높이 35미터, 수심 9미터 허용 선박이 운항할 수 있다. 2022년 10월 8일에 대교에서 화재 폭발로 일부가 붕괴되었다.

① 데스나강 운하(Desna Canal): 우크라이나의 수도인

그림 2-15 우크라이나의 운하

키이우와 연결되는 데스나강 194.5킬로미터 구간으로 III 등급에 해당된다.

② 드네프르/드니프로강 운하(Dnieper/Dnipro Canal): 프리피야티강 하구에서 키이우를 거쳐 흑해로 이어지는 846킬로미터 구간이다.

③ 사마라강 운하(Samara Canal): 사마라강은 드네프르강의 지류로, 드네프르강 운하로 연결된다.

④ 도네츠강 운하(Donets Canal): 돈바스/도네츠 분지

를 거쳐 돈강으로 연결되는 운하이다.

⑤ 돈강 운하(Don Canal): 러시아 대륙을 가로질러 흐르는 볼가강과 만나서 아조프해로 연결하는 역할을 한다.

⑥ 남부크강 운하(Pivdennyi Buh Canal): 우크라이나 서쪽의 고지대에서 흐르기 시작한 부크강이 남동쪽 흑해로 이어지는 81.4킬로미터 구간으로 선박이 운항할 수 있다.

그림 2-16 노바카호우카 갑문에서 기다리고 있는 선박

⑦ 드니스테르강 운하(Dnister Canal): 드니스테르강 상류에 있는 빌호로드-드니스트우스키에서 몰도바와 국경선을 공유하는 흑해 연안까지의 39킬로미터 구간이다.

⑧ 헤르손 선박 운하(Khersonskyi Ship Canal): 드네프르강 운하의 헤르손에서 흑해까지 28킬로미터 구간으로 대형 선박이 통행할 수 있다.

쉬어가기

전략적 요충지 우크라이나의 뱀섬

즈미니섬(Zmiinyi Island, 영어 Snake Island, 뱀섬)은 우크라이나 남부 오데사주에 있는 작은 바위 섬(가로 세로 각각 약 300미터)으로, 흑해에서 전략적으로 중요한 곳이라 2007년부터 정착지인 빌레를 개발하고, 국경 수비대가 주둔하고 있다. 우크라이나와 크름반도(크림반도) 주변의 운하를 이용하는 선박이 흑해를 지나 지중해로 넘어가려면 이 섬을 지나가야 한다. 즈미니섬은 아킬레우스섬이라고도 불렸는데, 이곳의 등대 자리에 신전이 있었다고 한다. 1700년대부터는 군사적인 충돌이 있어 왔고 주인도 바뀌었다.

즈미니섬 전투는 2022년 2월 24일 러시아의 우크라이나 침공과 함께 시작되었다. 이때 싸웠던 우크라이나 군인을 묘사한 우크라이나 우표가 발행(2022년 4월 12일)되었다. 군인 뒤의 배경은 러시아 순양함 모스크바(Moskva)호로, 우크라이나 군인이 이 배를 침몰시켰다는 것을 보여준다.

흑해에서 또 다른 전략적 요충지인 크름반도에는 우크라이나 해군 기지(세바스토폴)가 있었으나 2014년 러시아의 점령으로 러시아에 합병되었다(국제사회는 이를 인정하지 않고 있다).

◀ 우크라이나 우표(위)와 아킬레우스섬(아래)을 묘사한 그림

볼가강을 중심으로 발달한 러시아의 운하

유럽에서 가장 긴 강은 볼가강(3,530킬로미터)이고 다음이 도나우강(1,850킬로미터)이다. 볼가강은 러시아 중앙부에서 시작하여 남부로 흘러 카스피해로 연결된다. 볼가강 운하는 북극해, 발틱해(볼가-발틱 운하) 그리고 아조프해(볼가-돈 운하)를 서로 연결한다.

러시아 운하의 총길이는 7만 2000킬로미터로 그중 10,000킬로미터는 자연 호수의 수로이다. 러시아에서 내륙 운하의 수송량은 전체의 약 3퍼센트로 낮다.

러시아의 내륙 운하는 다음과 같다.

① 볼가 운하(Volga Canal): 1625년에 건설되었다. 모스크바를 중심으로 북쪽으로는 백해-바렌츠해를 거쳐 북극해로 이어지고, 남쪽으로는 아조프해-흑해 또는 카스피해로 연결된다.

② 볼가-발틱 운하(Volga-Baltijskiy Canal): 1964년에 건설되어 볼가강과 발틱해를 연결하는 운하로 길이는 369킬로미터이다. 또한 백해-발틱 운하(White Sea-Baltic Sea Canal, 227킬로미터, 1933년)도 있다.

③ 모스크바 운하(Moscow Canal): 1932년에 공사를 시

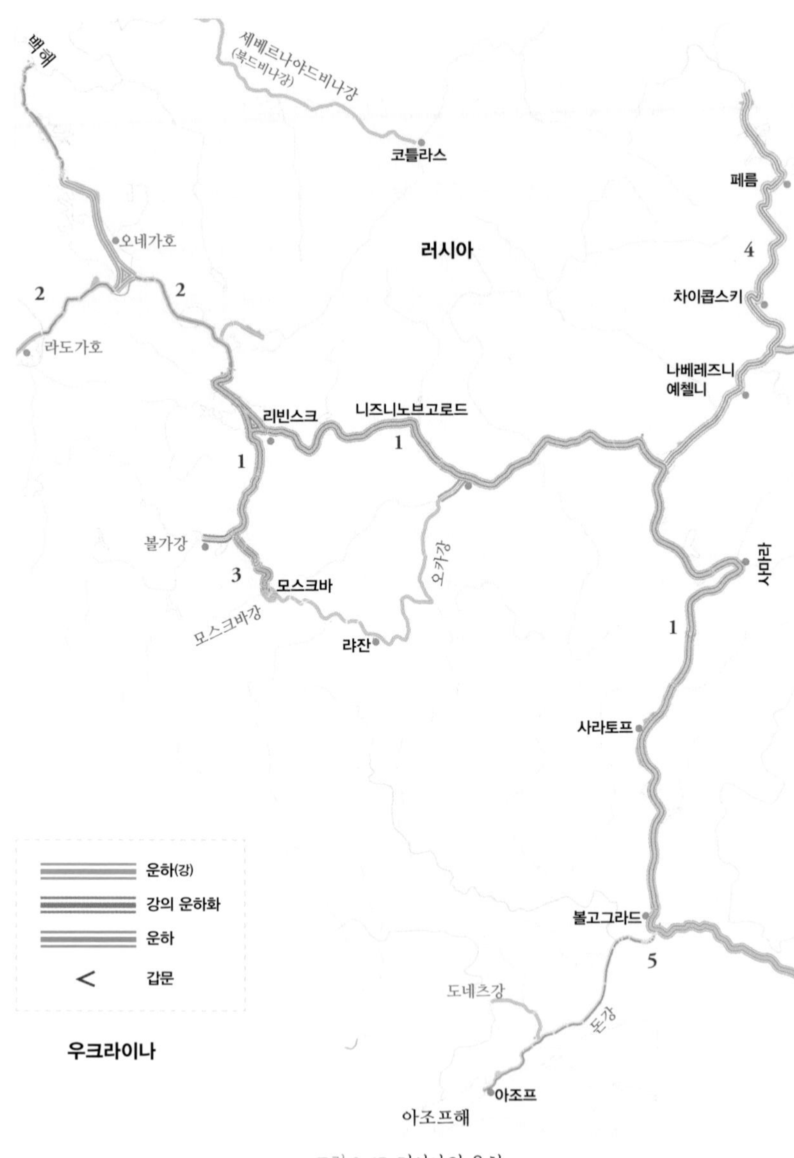

그림 2-17 러시아의 운하

작하여 1937년에 완성된, 러시아의 수도 모스크바(모스크바강)와 두브나(볼가강)를 연결하는 운하로 길이는 171.6킬로미터이다. 이 운하는 모스크바에 있는 두 곳의 항(북항과 남항)을 포함한다. 이 운하는 20만 명의 수용소 수감자가 공사에 동원되었다고 한다.

④ 카마 운하(Kama Canal): 볼가강과 만나는 카마강 하구에서 우랄산맥 서쪽 솔리캄스크까지 1,112킬로미터 구간이다.

⑤ 볼가-돈강 운하(Volga-Don Canal): 1952년에 건설된 볼가강과 돈강을 연결하는 운하로 길이는 101킬로미터이다.

알프스산맥의 혜택을 받은 이탈리아의 운하

이탈리아의 운하는 전 국토에 걸쳐서 발달하지 않고, 이탈리아에서 가장 긴 북부의 포(Po)강을 중심으로 평야 지역에 분포한다. 알프스산맥 주변에서 녹아내린 눈으로 수량이 풍부해지기 때문에 가능하다. 이탈리아의 운하는 몇 가지 특징이 있는데 첫째, 베네치아 내륙 수로(리토라네아 베네타 운하)로 연결된 운하망이 있다. 둘째, 포 삼각주에서 슬로베니아 근처의 트리에스테 항구도시까지 아드리아해

그림 2-18 이탈리아의 운하

연안을 따라 이어지는 석호 구간 760킬로미터가 있다. 이 운하 구간에는 대양 항해 선박이 메스트레 항구에 드나들 때 이용하는 베네치아 석호도 자리 잡고 있다. 셋째, 내륙 도시 파도바로 이어지는 베네치아-파도바 운하는 지금도 여전히 추가 개발이 이루어지고 있다.

① 밀라노-포 운하(Milano-Po Canal): 74킬로미터로, 길이 110미터, 폭 12미터 선박이 오간다.

② 포 운하(Po Canal): 약 400킬로미터 운하이며 길이 80미터, 폭 9.5미터 선박이 운항할 수 있다. 포강의 상류 카잘레몽페라토에서 아드리아해 연안 브롱돌로까지 이어진다.

③ 페라라 운하(Ferrara Canal): 70킬로미터의 수로로 길이 85미터, 폭 9.5미터의 선박이 오갈 수 있다.

④ 리토라네아 베네타 운하(Litoranea Veneta Canal): 이탈리아 북동부 베네토 지방의 약 215킬로미터 수로로, 포 운하와 연결되어 아드리아해와 포 평야 사이의 물자와 사람들을 수송하고 있다. 길이 85미터, 폭 9.5미터 선박이 운항한다.

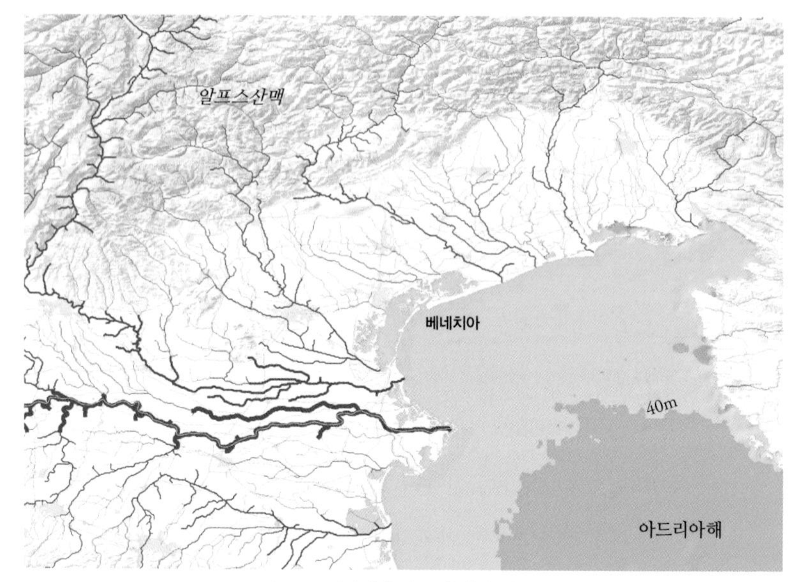

그림 2-19 이탈리아 북부의 지형, 강, 수심

▩ '바다의 도로' 운하 도시, 베네치아

리토라네아 베네타 운하가 지나고, 많은 강이 주변을 둘러싸고 있는 베네치아는 '바다의 도로' 운하 도시로, 100개 이상의 섬들 위에 건설되었다. 이곳에 400개가 넘는 다리는 자동차가 건너는 것이 아니라, 다리 밑으로 수상버스가 다닌다.

아드리아해를 통한 해상 무역을 기반으로 성장한 베네치아는 700년에서 1500년대까지 세계에서 가장 부유하

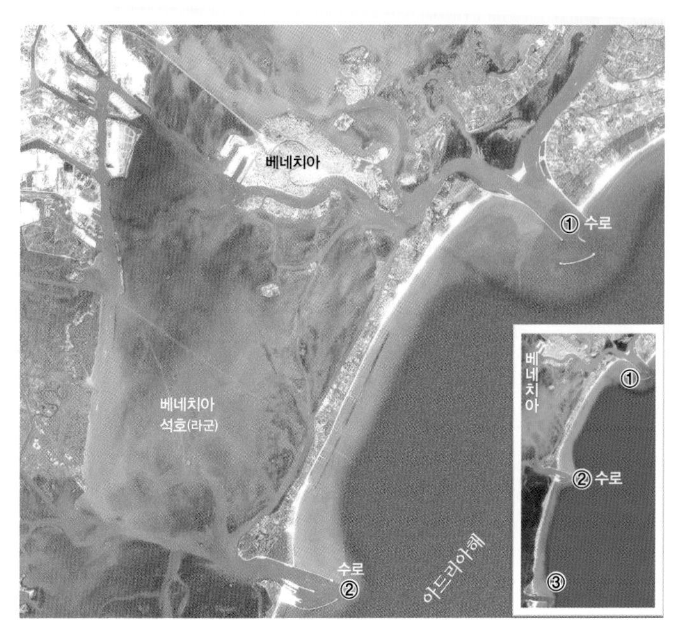

그림 2-20 3개의 수로로 접근할 수 있는 베네치아

고 가장 강력한 '도시국가'였다. 비잔티움 제국, 무슬림 세계, 인도 그리고 극동(Far East)과의 무역에서 많은 권력과 부를 축적했다. 유럽인 최초로 아시아를 방문한 것으로 알려진 마르코 폴로(1254~1324)의 원나라 여행기인 『동방견문록』(원제목은 '세계의 서술Divisament dou Monde')의 시작도 베네치아였다.

1700년대 후반까지 독립적인 '도시국가'였던 베네치아는 1575년과 1630년에 발생한 감염병 페스트의 일종인

선페스트(Bubonic Plague)로 5만 명(당시 인구의 3분의 1에 해당)이 죽고, 포르투갈이 아프리카 희망봉을 돌아 인도로 가는 항로를 개척하면서 베네치아를 풍요롭게 한 대부분의 무역은 포르투갈로 옮겨갔다.

이후 베네치아는 1797년에 이르러 나폴레옹 보나파르트(1769~1821)의 지배를 받았다. 당시 그는 프랑스군 사령관이자 프랑스 미래의 황제였다. 나폴레옹이 도시를 장악하자 도시국가로서의 베네치아는 막을 내렸다. 1814년 나폴레옹의 패망 이후, 북부 이탈리아에 있는 오스트리아가 지배하는 왕국의 일부가 되었고, 1866년 이탈리아에 흡수되었다.

2020년 3월 9일, 코로나바이러스 감염병의 확산으로 이탈리아 정부가 전국적인 봉쇄령을 내리자 수상버스인 '바포레토(vaporetto)'를 포함한 베네치아의 보트와 유람선은 거의 운행하지 않았다.

다음 〈그림 2-22〉의 사진은 2020년 4월 13일에 얻은 것으로 〈그림 2-21〉에 비해서 선박 통행량이 눈에 띄게 줄어든 것을 볼 수 있다. 그림 중앙 부근의 산타 마리아 델라 살루데 성당 주변의 대운하와 주데카해협은 코로나가 발발하기 직전인 2019년에 비해 거의 텅텅 비어 있

그림 2-21 2019년 4월 19일, 베네치아의 인공위성 사진(ESA Sentinel-2)

그림 2-22 코로나19의 영향으로 수상버스가 사라진 베네치아

고, 베네치아에서 무라노섬으로 가는 교통량이 없는 것으로 보인다.

그리스와 튀르키예의 운하

그리스에는 세계적으로 유명한 코린트 운하가 있다.

① 코린트 운하(Corinth Canal): 1893년에 건설된 6.4킬로미터의 인공수로(폭 21.4미터, 깊이 8미터)이다. 아드리아해 또는 이오니아해와 에게해를 연결하는 지름길이다. 세계에서 가장 깊고 좁은 운하이기도 하다.

운하의 남서쪽은 펠로폰네소스(Peloponnese)반도로 기

그림 2-23 **코린트 운하 개통식**(콘스탄노스 볼로나키스Konstantinos Volanakis, 1893년 작품)

그림 2-24 그리스와 튀르키예의 운하

원전 5세기에 스파르타와 아테네 전쟁이 일어났던 곳이다. 그 당시 반도라고 불렸던 이유는 코린트 지협(地峽)으로 연결되었기 때문이지만, 이곳에 운하가 건설된 후 펠로폰네소스섬이 되었다. 그리스는 오스만제국으로부터 1830년 독립한 이후 본격적인 수로 건설을 시작했고, 이 운하를 이용하면서 약 700킬로미터 항해 거리가 단축되었다. 제2차 세계대전(1939~1945) 당시 독일과 영국군 간의 전투에서 독일이 이 수로를 파괴했고, 1947년에야 다시 개통했다.

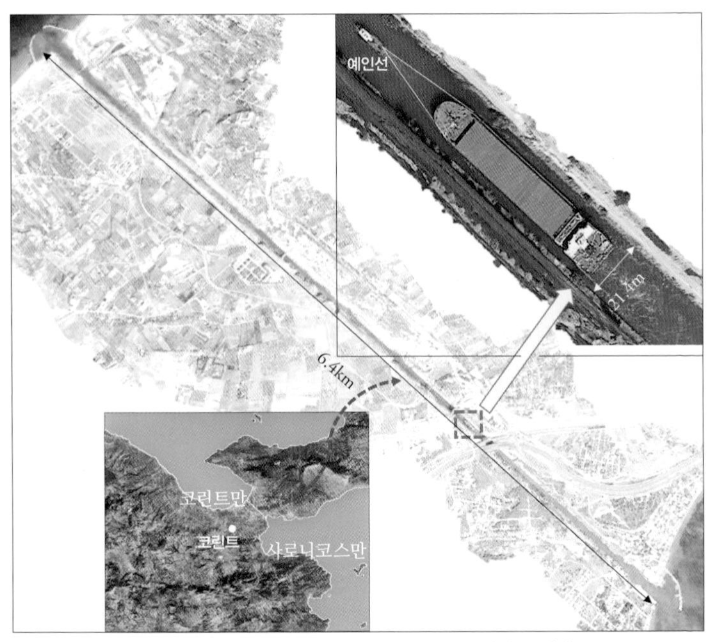

그림 2-25 예인선이 끌어당기는 방식으로 통과하는 선박

하지만 석회암을 깎아 건설했던 탓에 낙석(2021년에도 봉쇄)이 자주 발생하고 폭이 좁아 상업적으로 성공하지 못했다. 지금은 주로 관광객을 대상으로 이용하고 있고, 매년 약 11,000척이 운행한다. 특이한 점은 예인선이 큰 배들을 당기는 방식으로 배를 통과시킨다.

튀르키예(터키)에는 일반적인 운하와는 다르게 해협이 중요한 역할을 하고 있다. 튀르키예에 있는 다르다넬스해협, 마르마라해, 보스포루스해협 모두 유럽과 아시아를 잇는 흑해의 길목이라 전략적으로 중요한 곳이다.

② 다르다넬스해협(Dardanelles Strait): 에게해와 마르마라해를 잇는 길이 61킬로미터 해협(폭 1~6킬로미터, 수심 55~81미터)이다. 해협 남쪽 입구는 트로이 전쟁의 무대로 트로이의 목마 모형이 있다. 북쪽은 제1차 세계대전 갈리폴리/겔리볼루 전투(Battle of Gallipoli)에서 40여만 명의 사상자가 발생했다.

유럽과 아시아를 연결하는 다르다넬스해협에는 차나칼레 1915 대교(1915 Canakkale Bridge, 2022년 3월 18일 개통)가 있다.

③ 보스포루스해협(Bosporus Strait): 흑해와 마르마라해

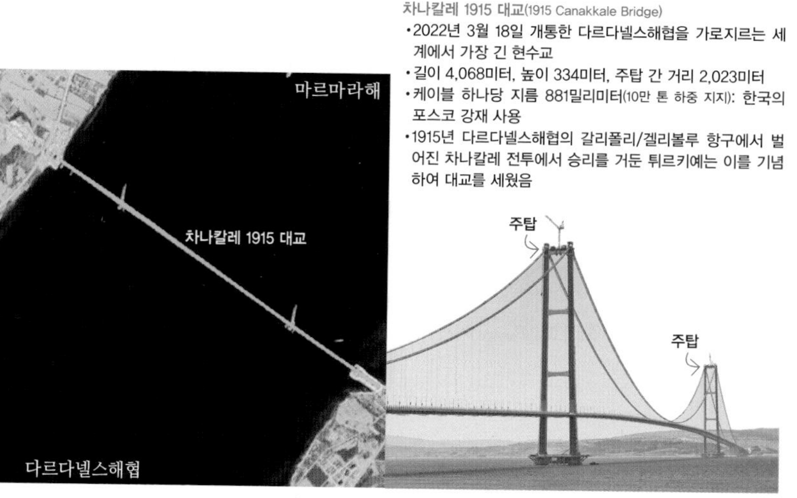

그림 2-26 차나칼레 1915 대교

를 연결하는 해협으로 길이 30킬로미터, 폭 750미터~3.5킬로미터이다. 이곳에는 3개의 다리와 2개의 터널이 있다. 해협 양쪽에 걸쳐 이스탄불(비잔티움 제국의 수도 콘스탄티노폴이 바뀐 이름)시가 있고, 러시아 흑해 함대가 지중해로 가기 위한 길목이다.

그리스와 튀르키예의 국경 지역인 메리치(Meriç, 영어로는 마리차Maritsa, 그리스어로는 에브로스Evros)강에 건설 공사 중인 에디르네 운하(Edirne Canal, 길이 7.8킬로미터 예정)와 보스포루스해협의 교통 분산 목적으로 이스탄불 운하 계획을 확정했다.

최근 국호가 '터키공화국'에서 '튀르키예공화국(약칭 튀르키예Türkiye)'으로 변경되었으며, 2022년 6월 1일 유엔에서 이를 승인했다. 영어 '터키(Turkey)'는 중세 라틴어 '투르키아(Turchia)'에서 비롯되었으며, 여러 국가에서 부정적인 의미로 많이 사용되고 있어 튀르키예어 표기에 따라 변경된 것이다. 우리나라의 이름도 해외에서 'Korea'라고 하듯, 자국에서 사용하는 국가 이름과 국제적으로 통용되는 국가 이름이 다른 경우가 많다.

튀르키예는 튀르크(Türk)에 '주인(-iye)'이 붙은 것으로, '튀르크'가 지명으로 쓰인 최초의 기록은 몽골 오르홍강

(Orkhon) 유역의 돌궐(튀르키예어: 괵튀르크 카간국) 비문(碑文, 725~735년경)에 등장한다. 고구려와 형제 나라로 표현된 까닭에 2002 월드컵에서 형제의 나라로 소개되기도 했다.

도나우강(다뉴브강)과 내륙 운하

도나우강(Donau, 영어 표기는 다뉴브Danube)은 길이 2,860킬로미터로 독일의 마인-도나우 운하(1992년 건설)와 연결되어 북해의 로테르담에서 흑해의 술리나까지 전 유럽을 가로지르는 3,500킬로미터 수로의 일부다. 이 강이 우리에

그림 2-27 도나우(다뉴브)강

게 익숙한 이유는 이바노비치(루마니아 작곡가)의 왈츠곡 '다뉴브강의 잔물결'과 슈트라우스 2세(오스트리아 작곡가)의 왈츠곡 '아름답고 푸른 도나우' 때문이지 않을까.

도나우강은 독일 서남부 슈바르츠발트(Schwarzwald, 검은숲Black Forest이라는 뜻) 산지에서 시작해 뮌헨 북부를 거쳐 오스트리아를 지나 헝가리의 수도 부다페스트에서 남쪽으로 흘러 카르파티아산맥과 발칸산맥 사이를 통과한 뒤 루마니아 남부의 왈라키아 평원을 지나 흑해 삼각주를 형성한다.

이처럼 도나우강은 흑해를 거쳐 중부 및 남동부 유럽을 관통하는 등 세계에서 가장 많은 나라를 가로지르는 강이다. 따라서 이 강의 이름도 각 나라의 언어로 불렸기에 영어로 '다뉴브'라고 표기하는 것이 일반적이다. 이 책에서는 독일에 한하여 '도나우'라고 표기하기로 한다.

이 강은 오스트리아의 북부지역을 지나는데 린츠와 빈의 문화와 예술의 발전과 함께했다. 합스부르크 제국(1526~1918) 시절 주요 도시였던 린츠는 내륙에 있었지만 도나우강 덕분에 무역도시의 역할을 할 수 있었다. 린츠는 수학자 요하네스 케플러, 작곡가 안톤 브루크너가 살았던 곳으로도 유명하다. 히틀러는 자신이 태어나고 유년기

그림 2-28 도나우(다뉴브)강 운하

를 보낸 이곳에 산업화를 진행했다. 린츠가 공업도시로 발전하는 데 배경이 된 도나우강에는 현재도 상업용 선박과 관광선들이 많이 다니고 있다.

하지만 이 강은 페스트 감염 경로가 되기도 했다. 페스트(흑사병)는 독일어 'pest'에서 유래하며 영어로는 '플레이그(plague)'라 하고, 페스트균에 발생하는 급성 발열성 감염병이다. 림프절, 폐, 장기의 감염 경로에 따라 신체 질환이 나타나고, 1679년 오스트리아에서 발생한 림프절(선) 페스트(Bubonic Plague)는 다뉴브(도나우)강을 이용하던 선박의 쥐에 의해서 페스트균이 퍼졌다고 한다. 1년 동안의 대유행으로 빈 인구의 절반가량인 10만 명이 죽었다.

30년 후 다시 오스트리아에 페스트가 발병했는데, 이때는 대응을 잘해서 피해를 많이 줄였다고 한다. 이와 같은 노력의 결실이 오스트리아가 제약 분야의 선진국으로 이어지지 않았을까 생각한다.

① 다뉴브-흑해 운하(Danube-Black Sea Canal): 1952년 건설된 길이 101킬로미터 운하이다. 볼가강과 돈강을 연결하는 볼가-돈 운하를 거치면 북해 서유럽에서 흑해를 지나 러시아 등 동유럽까지 뱃길이 이어진다.

② 사바강 운하(Sava Canal): 세르비아, 보스니아 헤르체코비나, 크로아티아를 거치는 사바강의 594킬로미터 운하이며, 다뉴브-흑해 운하로 연결된다.

③ 베가강 운하(Bega Canal): 베가강에 건설된 루마니아와 세르비아 사이의 길이 114킬로미터 운하로, 1917년에는 563척의 상선이 등록되어 운용된 적이 있지만 지금은 주로 레저활동으로 이용되고 있다.

④ 프루트강 운하(Prut Canal): 카르파티아산맥에서 발원하여 다뉴브강으로 흘러 들어간다.

⑤ 다뉴브-부쿠레슈티 운하(Danube-Bucureşti Canal): 루마니아의 수도인 부쿠레슈티에서 다뉴브-흑해 운하로 연결되는 구간이다.

03 중동과 아프리카의 운하

약탈, 해양 패권, 무역 등이 공존한 운하와 항로

중동과 아프리카에서 가장 유명한 운하는 수에즈 운하이다. 그밖에 나일강 운하, 니제르강 운하, 콩고강 운하가 아프리카에 있다. 수에즈 운하도 이집트에서 운영하고 있으므로 아프리카에 모두 속한다고 할 수 있다.

1869년 수에즈 운하 개발 당시 이집트는 오스만제국 아래에 있었고, 프랑스 소유의 회사가 운하를 개발하고, 소유권은 프랑스와 영국에 있었다. 1922년 영국으로부터 독립한 이집트는 이후 1956년에 운하를 국유화했다. 하지만 운하의 국유화로 이스라엘, 프랑스, 독일 연합의 침공, 소유권 재탈환 그리고 영국과 프랑스의 철수로 이어지는

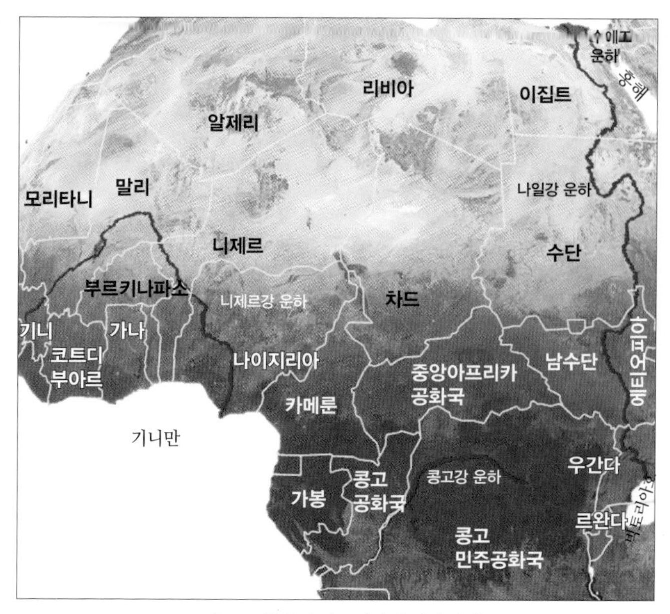

그림 3-1 중동과 아프리카의 여러 나라

제2차 중동전쟁(수에즈 위기, 1956.10.29.~11.3.)이 벌어졌다.

이후에도 두 차례의 봉쇄가 있었다. 그 하나는 6일전쟁(Six-day War, 1967년)으로 1975년까지 폐쇄되었다. 또 하나는 2021년 3월 23일에 컨테이너선 에버 기븐(Ever Given)이 수에즈 운하에 좌초되어 6일간 통행이 봉쇄되었다.

지협을 대상으로 한 수에즈 운하를 제외하고 아프리카의 운하는 강을 기반으로 한다. 세계에서 가장 긴 나일강은 6,650킬로미터로 아프리카 9개국을 가로지르고, 파라오 시대인 4천 년 전부터 선박이 운항했다고 한다. 열대

우림에 있는 콩고강은 세계에서 아홉 번째 긴 강으로 5개국을 지나면서 적도를 두 번 통과하지만, 운하 구간은 콩고민주공화국에 있다. 콩고강 운하는 콩고를 지배한 벨기

그림 3-2 중동과 아프리카의 강 분포, 해협, 항구(유엔유럽경제위원회, UNECE)

에에서 고무 등을 강탈하여 운반하는 목적으로 건설했다.

주요 항구와 해협은 아라비아반도 주변에 있다. 석유 수송로인 호르무즈해협(Hormuz Strait)과 제벨알리 항구(두바이), 아덴만에서 지중해로 연결 통로에 있는 바브엘만데브해협(Bab el-Mandeb Strait)과 제다 항구, 아라비아해에 접해 있는 살랄라 항구 등이 있다.

콩고의 아픈 역사를 보여주는 콩고강 운하

벨기에 왕 레오폴트 2세는 이 지역을 콩고자유국[Congo Free State, 이후로 콩고민주공화국(DRC, Democratic Republic of the Congo)]이라 하고 사유화했다. 즉, 벨기에와 별개로 개인의 영토로 운영했다는 의미이다.

콩고민주공화국은 북서쪽으로 콩고공화국과 콩고강을 공유하고 있고, 강의 북쪽으로는 중앙아프리카공화국이 있다. 콩고강은 아프리카 중앙에서 울창한 정글의 열대우림 지역을 가로질러 대서양으로 연결된다. 레오폴트 2세는 콩고강 상류 유역에서 상아, 고무, 광물 등을 실어 날라 판매하여 막대한 부를 축적했다. 그는 이러한 화물을 2천 킬로미터 이상 떨어진 대서양 연안으로 운송하기 위해 운

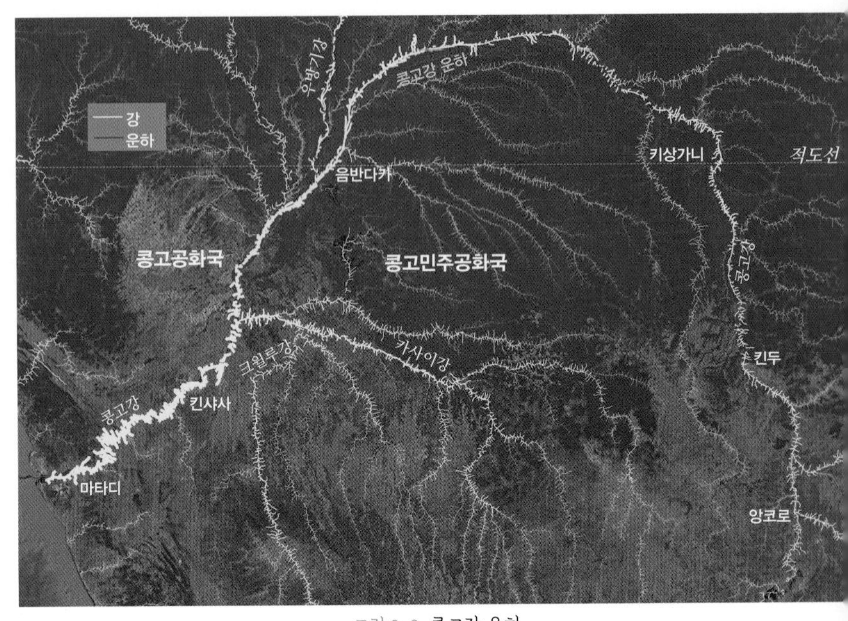

그림 3-3 콩고강 운하

하를 개발했다. 하지만 이 강은 200미터가 넘는 폭포 등이 있어서 전체를 운하로 하지 못하고, 항해할 수 있는 3구간이 대상이었다. 이 강은 1885년 국제 협정에 따라 모든 국가에서 무상으로 사용할 수 있다.

먼저 1구간은 대서양 연안에서 배로 내륙 마타디 항구까지 약 130킬로미터를 이동한 뒤 콩고강의 거대한 폭포를 우회하는 331킬로미터의 철로 구간이 콩고민주공화국의 수도인 킨샤사까지 이어진다. 2구간은 킨샤사에서 1,852킬로미터나 떨어진 항구도시 키상가니까지이다. 키상가니 상류 쪽에 있는 보요마 폭포(Boyoma Falls, 옛 이름 스탠리 폭포Stanley Falls)는 100킬로미터 거리에 작은 7개 폭포로 이루어져 있고 모두 합하면 높이가 61미터이다. 보요마 폭포의 유량은 나이아가라 폭포와 이구아수 폭포보다 많은 세계 최고이다. 킨두와 앙코로를 경유하는 3구간은 강 상류 구간으로 부분적으로 항해할 수 있다. 3구간의 마지막 지점에 있는 루붐바시 주변으로 구리가 많이 생산되고 이 구리를 운하로 운송하고 있다.

그림 3-4 콩고강의 무역 증기선(1890년)

배 운항의 역사를 보면, 1879년 증기선 두 척을 처음 건조하여 고무와 상아를 주로 운송했다. 증기선은 1980년대까지 운행했고, 현재는 디젤 선박으로 교체되었다.

빅토리아호에서 지중해로 이어지는 나일강 항로

아프리카 최대의 호수인 빅토리아호(Lake Victoria, 해발고도 1,134미터)에서 시작되는 나일강을 따라 끝나는 지점인 지중해 연안까지 항로로 활용되었지만, 현재는 중간에 댐이 많이 건설되어 운행이 어렵다.

그림 3-5 나일강 분포와 당시 운행했던 배들(위에서부터 증기선 테베스Thebes호, 가이아사라고 불렸던 나일강의 화물선, 수단 카르툼 근처 옴두르만Omdurman 2호)

최근 '빅토리아호-지중해 항로 계획(The navigation line project linking between Lake Victoria and Mediterranean Sea)'이 시작되었고, 빅토리아호에는 연안 3개국 사이에 기선이 오가는 정기항로가 있다.

서아프리카 기니만과 대서양을 5개국과 연결하는 니제르강 운하

서아프리카에 있는 니제르(Niger)강은 길이가 4,180킬로미터로 아프리카에서 나일강과 콩고강에 이어 세 번째로 긴

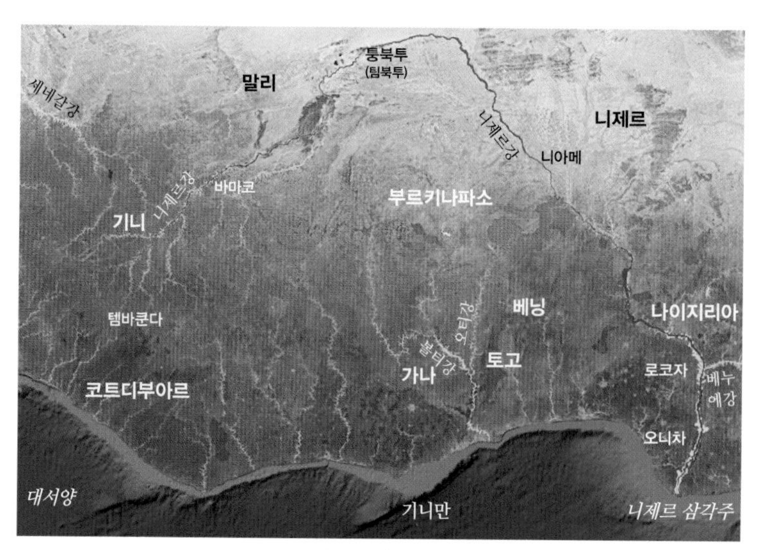

그림 3-6 서아프리카

강이다. 기니 남동부의 해발 약 2천미터 템바쿤다 주변 기니고원에서 발원하여 말리와 니제르를 지나 베냉의 국경을 거쳐 기니만의 나이지리아 니제르 삼각주를 통해서 대서양의 기니만으로 빠져나간다. 다시 말해 강은 대서양에서 240킬로미터 떨어진 내륙에서 시작하여 사하라 사막 쪽으로 흐른 뒤 남동쪽으로 돌아 기니만으로 빠져나가는 독특한 특성이 있고, 주요 지류로는 베누에(Benue)강이 있다.

니제르강 운하는 과거 하구에서 800킬로미터 떨어진 제바 정도까지 안전하게 배가 운항할 수 있었다. 하지

그림 3-7 니제르강 운하에서 운용 중인 스턴 휠러 선박(1904년): 스카브로우Scarbrough호(길이 61m, 폭 10m, 400마력 엔진)

만 지금은 전력 생산과 관개수로 목적이 우선으로 댐을 8개 건설하여 선박 운항은 제한적이다. 대서양에서 오니차까지는 1년 내내 대형 상선이 운항할 수 있고, 오니차에서 로코자까지는 6월에서 이듬해 3월까지만 대형 선박이 다닐 수 있다. 그밖에 상류도 구간별로 소형 선박들이 다닐 수 있지만 건기와 우기에 따라 수위가 달라지므로 계절에 따른 영향으로 배들의 운행이 제한되어 있다.

아프리카와 아시아를 나누는 수에즈 운하

2022년 11월 17일, 아프리카 이집트 수에즈 운하(Suez Canal)의 153주년 기념식이 있었다. 수에즈해협을 개발하여 만든 수에즈 운하는 홍해와 지중해를 연결하는 뱃길로, 아프리카와 아시아를 나누는 이집트의 인공수로이다. 이 운하는 해수면 높이가 비슷한 곳을 연결했으므로 수위 차를 극복하기 위한 갑문 등이 필요 없다.

▩ 수에즈 운하가 왜 무역에 중요할까?

인도양에서 유럽으로 갈 때 아프리카 희망봉을 돌아야 하는 항로에서 수에즈 운하를 이용하면 6천 킬로미터 거리

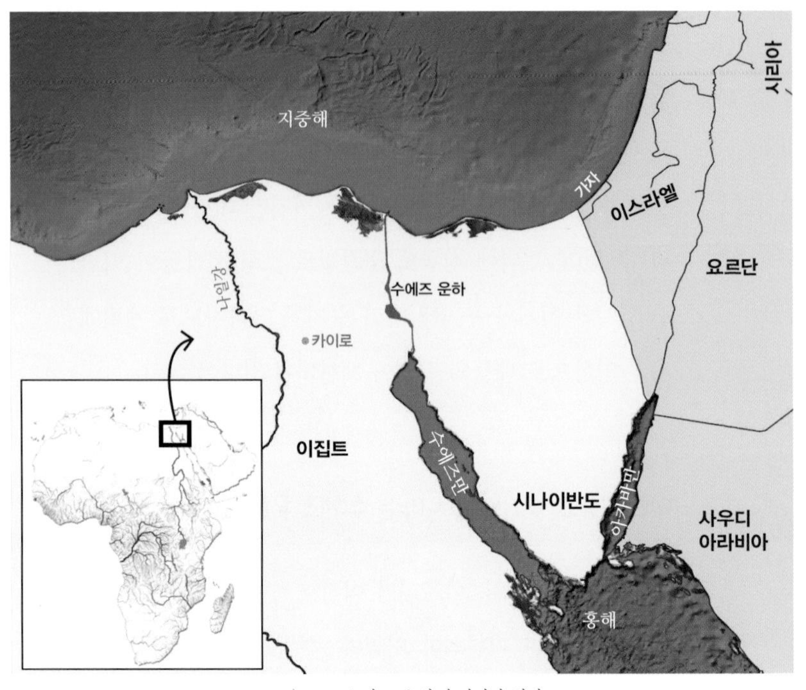

그림 3-8 수에즈 운하의 지리적 위치

를 줄일 수 있으며, 안전하게 항해할 수 있다. 매일 57척이 이용하고, 전 세계 컨테이너선의 30퍼센트를 차지하며, 운송량은 파나마 운하의 4배 이상(약 10억 톤)이다.

운하를 통과하는 데 걸리는 시간은 12~16시간이며, 배의 속도에 따라 차이가 있다. 다만 유조선(탱커선) 등은 시속 14킬로미터(km/h), 그밖의 선박은 시속 16킬로미터(과

수에즈 운하	
길이	193.3km
건설 기간	1859. 9. 25.~1869. 11. 17.
시작 지점	포트사이드(Port Said)
끝 지점	수에즈 항
최대 허용 배 폭	77.5m
최대 허용 배 흘수	20.1m
갑문(Lock)	없음
경제적 효과	뱃길 6,000km가 줄어듦(싱가포르-로테르담의 경우 약 9일 단축) 전 세계 무역의 10%(2021년 기준)
운영자	수에즈운하관리청(Suez Canal Authority) (*중립지대로서 이집트가 관리만 할 뿐 주권이 미치지 않고, 수에즈 운하에 대한 임의적인 조치는 할 수 없음)

속은 선박에서 발생하는 후류(파도)에 의해 모래 제방 침식을 일으킨다)의 속도 제한이 있다. 또한 배 사이의 거리는 2~3킬로미터를 유지해야 한다.

홍해는 지중해보다 해수면이 1.2미터 높다. 바닷물은 겨울에 북쪽으로 흐르고, 여름에는 남쪽으로 흐른다. 다만, 그레이트비터 호수(Great Bitter Lake)와 홍해 사이는 조석의 영향이 크다.

과거에 그레이트비터 호수의 염분이 높아 홍해와 지중해 사이의 동식물 이동이 차단되었지만 지금은 그레이

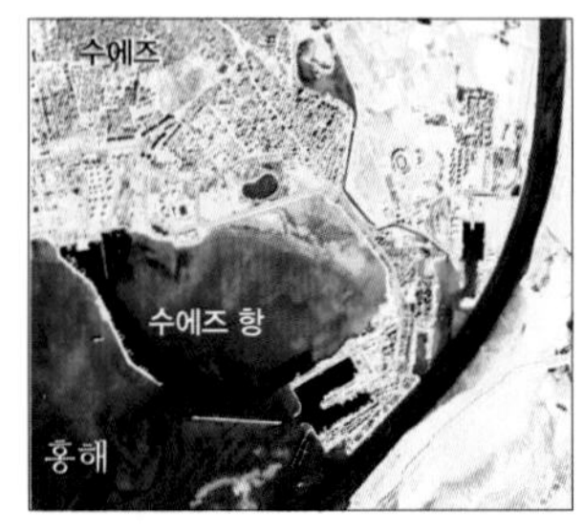

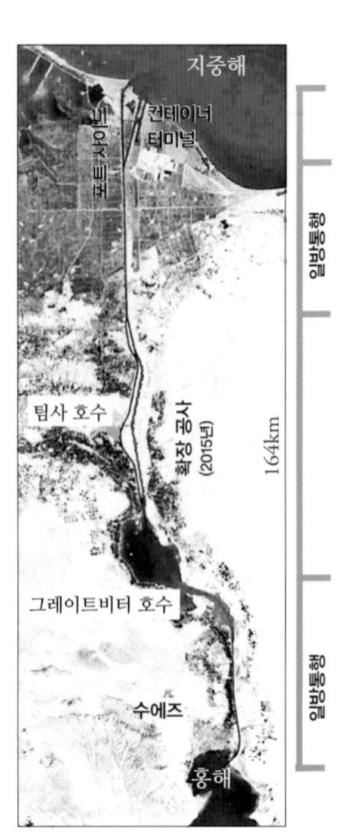

그림 3-9 수에즈 운하

트비터 호수의 염도가 낮아져, 홍해에서 지중해로 유입된 종들이 지중해 생태계에 큰 영향을 미친다고 한다.

▩ 통행료가 3억 6천만 원?

2021년 수에즈 운하를 통행한 선박은 2만 694척, 통행료 수입은 7조 7571억 원(63억 달러로, 북한의 2020년 GDP보다 큼)

이었다. 대략 평균 1척당 통행료는 약 3.6억 원이다. 하지만 아프리카를 돌아가면서 발생하는 기름값, 시간, 위험 부담을 고려하면 비싸다고 할 수 없다.

▩ 수에즈 운하의 역사 1: 건설

이집트에 있는 수에즈 운하는 인공수로로 지중해 포트사이드(Port Said)와 홍해 수에즈(Suez) 항구를 연결한다. 아시아와 아프리카의 경계에 있는 시나이반도 서쪽에 있는 운하로 양 끝의 바닷물의 높이 차가 크지 않고 지형이 평탄하지만 건설하는 데 10년이 걸렸다. 1869년 11월 17일에 개통한 이 운하는 세계에서 가장 중요하고 복잡한 운하 바닷길이다.

역사적으로 고대 이집트인, 오스만제국, 나폴레옹 보나파르트 프랑스 황제(재위 기간 1804~1815) 등 많은 사람이 지중해와 홍해를 연결하는 것을 생각했다고 한다. 수백 년 동안 이 지역은 튀르키예를 중심으로 한 오스만제국에 속해 있었다. 이곳에 운하를 건설하면 유럽에서 인도양과 아시아로의 항해 여정이 단축되고, 배들이 더 이상 아프리카의 남단을 항해할 필요가 없다는 것을 의미한다.

또 다른 운하 건설을 꿈꿨던 페르디낭 드 레셉스(Ferdinand Marie de Lesseps, 1805~1894)라는 프랑스 외교관이 있었다. 이집트에서 일했던 그는 이집트 통치자의 아들(사이드 파샤Muhammad Said Paşa, 프랑스에서 교육을 받고 1854년에 이집트의 통치자가 됨)과 친구가 되었고, 운하 건설에 대해 동의를 얻게 되었다. 비용을 조달하기 위해 프랑스에 '수에즈 운하 회사(Suez Canal Company)'를 설립했고, 주식의 약 65퍼센트를 이집트 통치자에게 팔았다. 나머지 약 35퍼센트 지분을 영국에 팔려고 했으나 거절하여 본인이 사들였다.

당시 대영제국은 가장 강력한 해양 국가였으며, 전 세계로 뻗어 나갔다. 운하 개통 후 영국 정부는 수로의 전략적 중요성을 깨닫고 1875년에야 이집트의 주식(사이드 파샤 보유분)을 매입했다.

1859년 지중해 연안에서 공사가 시작되었다. 수천 명의 이집트 노동자들이 곡괭이와 삽으로 땅을 파냈고, 입구에 있던 염호(saltwater lake)는 운하의 일부가 되었다. 한가운데 있는 그레이트비터 호수는 매우 넓고 건조한 계곡이었지만 나중에 수로가 연결되자 물로 채워졌다. 1869년 11월, 마침내 운하가 개통되었고, 개통식에는 주요 주주인 유럽 국가와 왕실 출신의 귀빈들이 참석했다.

그림 3-10 1869년 수에즈 운하 개통

▩ 수에즈 운하의 역사 2: 발전

대서양과 태평양을 연결하는 파나마 운하와는 달리 수에즈 운하에는 갑문이 없어 바닷물이 수로를 통해 흐른다. 그레이트비터 호수의 남쪽 운하에 있는 물은 홍해의 조수간만의 차에 따라 상승 또는 하강한다.

수에즈 운하의 길이는 193킬로미터, 폭은 200미터가 넘는다. 대부분의 기존 수로 폭은 선박 한 척만큼 넓다. 하지만 안전 운항을 위해서 일부 구간은 일방통행으로 관리하고 있고, 일부는 양방향 통행이 필요하므로 그레이트비

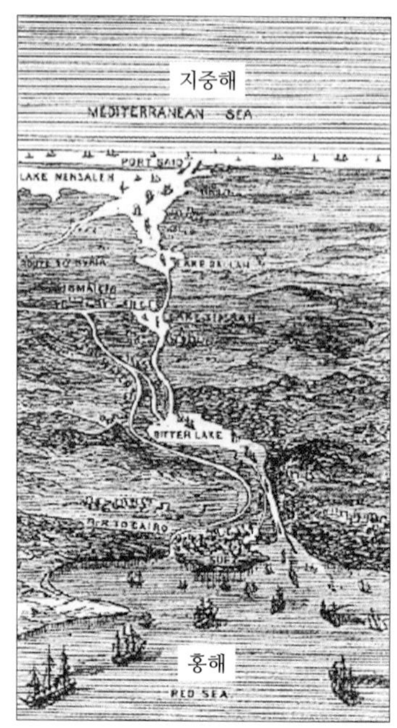

그림 3-11 1881년 수에즈 운하 도면

터 호수와 같은 여러 통과 장소가 있다. 포트사이드의 도시는 수로로 향하는 지중해 입구이고, 수에즈 항구는 홍해 끝에 있다. 수에즈 운하의 명칭은 이 도시에서 유래했다.

2015년 이집트는 82억 달러를 들여 원래 운하 옆으로 새로운 수로 35킬로미터 구간을 건설했고, 기존 수로의 일부 구간 폭을 확장했다. 이제 운하의 많은 구간에서 선박들이 동시에 양방향으로 지날 수 있게 되었다.

새로운 수로를 파기 전에는 매일 약 47척의 선박이 이 운하를 통과했지만 지금은 70척의 선박이 이 수로를 이용하고 있다. 대부분 거대한 컨테이너 선박이다. 연간 약 18,000척의 컨테이너 선박이 수에즈 운하를 통과하면서 이집트 정부에 지불하는 금액은 매년 63억 달러가 예상된다.

▒ 수에즈 운하의 역사 3: 위기

1882년 영국에서 '수에즈 운하 회사'의 주식을 매입한 지 7년 후에 이집트에서 폭동이 발생했고, 운하가 막힐까 봐 걱정된 영국 정부는 군대를 보내 이집트를 장악했다. 1936년에 맺은 앵글로-이집트 조약(Anglo-Egyptian Treaty)에 따라 이집트는 독립국가가 되었으나 영국은 운하를 지키기 위해 계속 군대를 주둔시켰다.

1952년 가말 압델 나세르(Gamal Abdel Nasser, 1918~1970)가 이집트의 대통령이 되면서 왕을 퇴위시켰다. 1956년 나사르가 수에즈 운하를 장악하자, 프랑스와 영국은 군대를 파견하여 수에즈 운하를 재탈환했고, 이때 이스라엘이 그들을 도왔다.

이에 이집트는 의도적으로 배를 침몰시켜 운하의 일부를 차단했다. 이 사건을 '수에즈 위기(the Suez Crisis)'라고 한다. 결국 미국이 개입하여 영국, 프랑스, 이스라엘을 강제로 철수시키게 된다.

1967년 이집트와 이스라엘 사이에 전쟁이 발발, 6일 동안 지속되었다. 그 결과 이스라엘이 운하의 동쪽 제방을 점거하자 이집트는 1975년까지 운하를 폐쇄했다.

이후 2021년 3월에 수에즈 운하를 이용하던 선박의

좌초로 운하의 교통이 차단되기도 했다.

그림 3-12 1956년(왼쪽)과 1973년(오른쪽)의 수에즈 운하의 위기 장면

그림 3-13 인공위성으로 촬영한 2021년 3월 운하를 막고 있는 에버 기븐Ever Given호

쉬어가기

노틸러스호도 이용한 수에즈 운하

프랑스 작가 쥘 베른(Jules Verne)이 쓴 과학소설 『해저 2만리』(1870년)에서 잠수함 노틸러스호도 수에즈해협을 통과했다. 노틸러스호는 홍해와 지중해를 연결하는 가상의 수중 터널을 통해 수에즈 운하 아래를 지나간다.

이 소설의 원제는 'Vingt mille lieues sous les mers'이며, 영어로 'Twenty Thousand Leagues Under the Seas'라고 번역되었다. 류(lieue)는 프랑스의 옛 길이 단위이며, 영어의 리그(league) 역시 같은 단위로 약 4킬로미터에 해당한다. 따라서 '2만 류' 또는 '20만 리(里, 1리는 약 0.4킬로미터)'라고 번역해야 했지만, 우리나라에 이 도서가 소개될 당시에 프랑스어가 아닌 일본 번역본을 사용하면서 오류가 생긴 것으로 보인다.

노틸러스(nautilus)는 그리스어로 항해자 또는 선박의 뜻으로 미국, 영국, 프랑스 등에서 잠수함 이름으로 많이 사용했다.

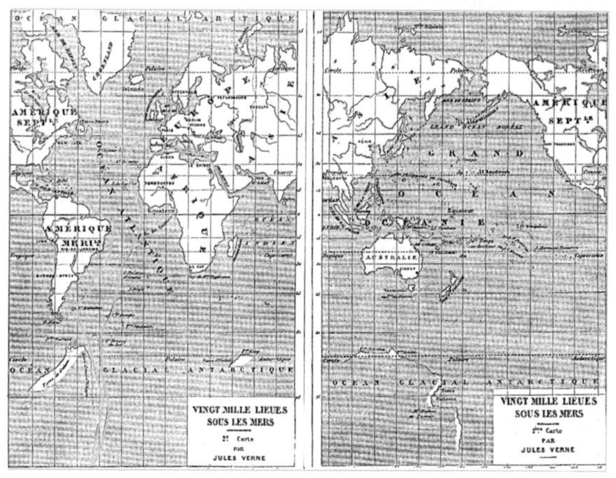

노틸러스호의 항로: 대서양–인도양(왼쪽), 태평양(오른쪽)

쉬어가기

왜 '중동'이라는 단어가 사용되었을까?

처음 영국에서 사용한 '중동(中東, Middle East)'이란 단어는 '근동(近東, Near East. 발칸반도와 동유럽 일대)'과 '극동(極東, Far East. 중국과 한반도, 일본 등 동북아시아)' 사이로, 경계가 명확하지 않고 대략 3가지 범위로 사용된다. 근동과 극동은 영국 중심의 표현이다.

세 가지 범위로 사용되는 중동

중동이 국제적인 단어가 된 것은 앨프리드 세이어 머핸(Alfred Thayer Mahan) 미국 해군 제독 덕분이다. 전 세계 해군 경쟁을 불러일으킨 책 『해양력이 역사에 미치는 영향The Influence of Sea Power upon History』(1890년)에서 언급하면서부터이다.

아랍에미리트

아랍에미리트(UAE)는 7개의 에미리트(Emirate, 토호국)가 모인 연방제 국가이다. 이 가운데 아부다비(Abu Dhabi)가 가장 크고 강력하며, 두바이(Dubai)가 뒤를 잇는다. 이 연방정부의 통치체제에서 관례상 대통령은 아부다비의 아미르(Amir, 총독)가 맡고, 부통령 겸 총리는 두바이의 아미르가 맡는다. 아랍에미리트의 수도이기도 한 아부다비에는 루브르 박물관과 협력하여 루브르 아부다비가

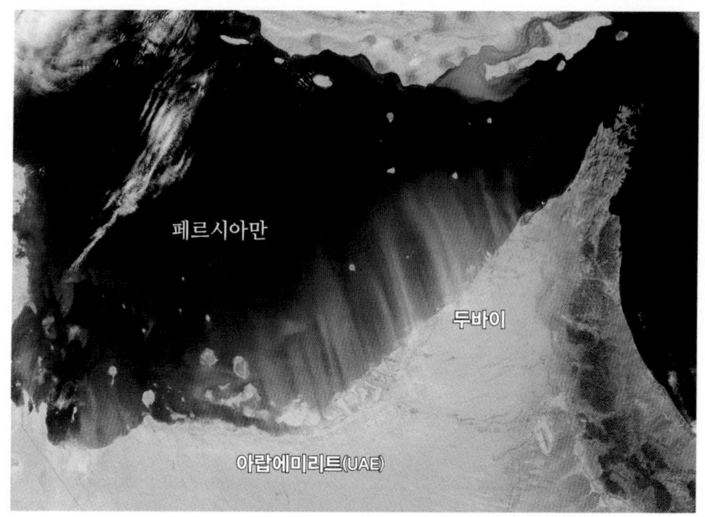

뱃길에도 영향을 미치는 페르시아만의 모래 폭풍(Dust storms):
아랍에미리트(UAE)에서 페르시아만으로 모래 띠가 길게 드리워져 있다.

개관했고, 추가로 박물관 3곳이 건설되고 있다. 2025년 개관 예정인 아부다비 자연사 박물관은 스탠(Stan)을 전시할 예정이다.

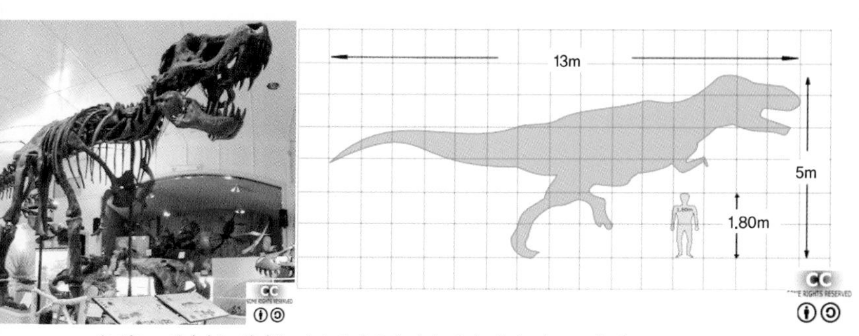

'스탠(Stan)'이라는 별명을 지닌 세계에서 가장 비싼 화석: 약 400억 원(3180만 달러)

가장 사나운 포식자 티라노사우루스(Tyrannosaurus)는 고대 그리스어의 두 단어에서 유래: '폭군(tyrant)'과 '도마뱀(lizard).' 렉스(Rex)는 '왕'을 뜻함

- 사람의 뼈 208개, T-렉스는 약 380개(현재까지 뼈 250개가 최대)
- 북아메리카 대륙의 서쪽에서 주로 서식
- 공룡의 시대: 2억 5200만 년에서 6600만 년 전 기간

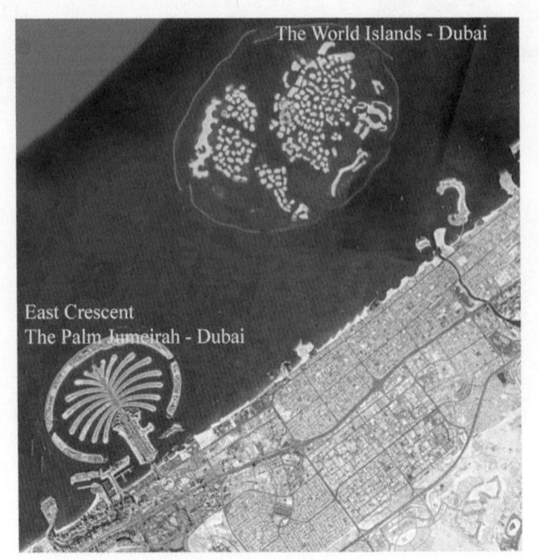

두바이의 인공 섬 '더 월드 아일랜드(The World Islands)'

더 월드 아일랜드(The World Islands)

두바이에서 건설한 인공 섬으로 세계 지도를 본뜬 모양이다. 두바이 해안에서도 8킬로미터 떨어져 있고 섬과 섬 사이에 다리가 없어 보트나 헬기로만 이동할 수 있다.

04 아메리카의 운하

아메리카 운하 개척의 역사

아메리카 대륙에는 세계적으로 유명한 파나마 운하가 있다. 파나마 운하가 개통되기 전에는 대서양에서 태평양으로 갈 때 세 곳의 해협 중에 하나를 이용해야 했다.

마젤란은 1520년 남아메리카 본토와 티에라델푸에고 섬 사이의 해협(훗날 마젤란해협)을 이용했고, 그 아래 섬들 사이의 항로인 비글해협(조사선 비글호에서 유래)이 있다. 비글해협 북쪽 연안에는 '세상의 땅끝 마을'로 불리는 최남단 도시인 우수아이아가 있고, 현재는 선박 항로보다는 유람선 위주로 운항하고 있다. 남아프리카 희망봉과 같은 주요 이정표였던 케이프 혼과 남극 사이에 드레이크해협

(1525년 발견, 영국인 프랜시스 드레이크Francis Drake의 이름에서 따옴)이 있고, 현재 대부분 상선은 이 항로를 이용한다.

주요 항구는 대부분 미국에 있고, 브라질에 산토스 항구가 있다. 주요 강으로는 길이 순으로 아마존강, 미시시피강, 라플라타강, 유콘강 등이 있다. 유콘강은 캐나다에서 알래스카를 거쳐 베링해로 연결된다. 미시시피강에는 19세기에서 20세기 초반까지 농산물과 생산물자의 수

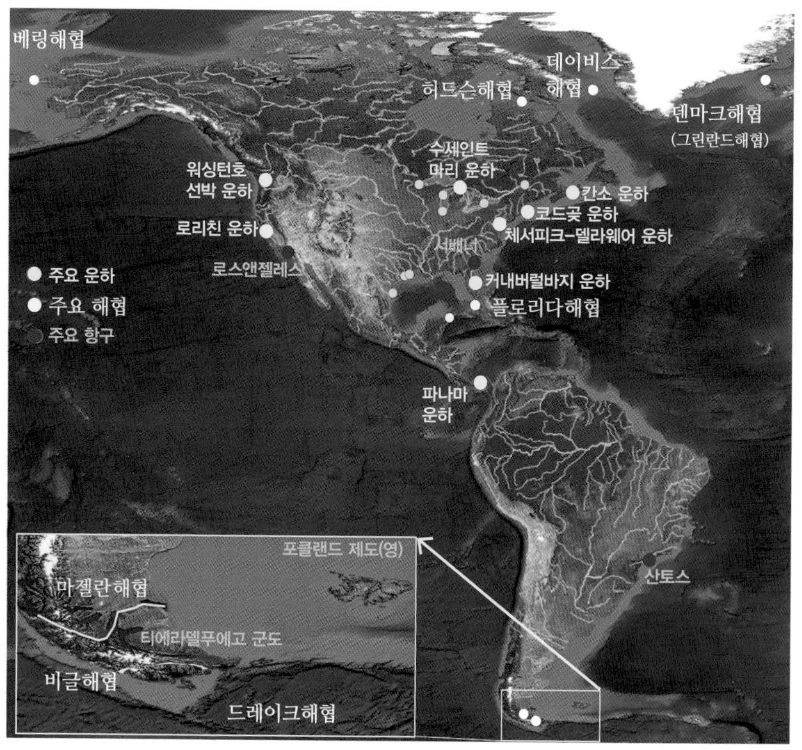

그림 4-1 아메리카의 강, 해협, 항구, 운하

송을 위해 증기선이 운행했고, 미국 남북전쟁 당시 미시시피강의 확보는 승리를 위해 중요했다고 한다. 미시시피강 운하는 발전을 거듭하여 갑문 29개가 설치되었고, 대형 선박과 바지선이 다니고 있다. 미국 북동부에는 18세기 말부터 대서양 연안에서부터 내륙으로 물자를 운송하기 위해 많은 운하가 개발되었다.

4만 킬로미터가 넘는 미국 운하

18세기 말에서 19세기 초는 미국 운하의 황금시대로, 대부분의 운하가 이 시기에 건설되어 내륙 수송을 획기적으로 개선했다. 영국과 네덜란드 운하의 가치를 알아본 미국은 독립 후 조지 워싱턴(George Washington, 1732~1799)이 그 필요성을 강조했고, 많은 엔지니어(기술자)를 영국으로 보내 운하 개발에 대한 기술을 배우도록 했다. 이렇게 건설

그림 4-2 사우스해들리 운하에서 사용된 바지선 형태의 배(1795~1845)

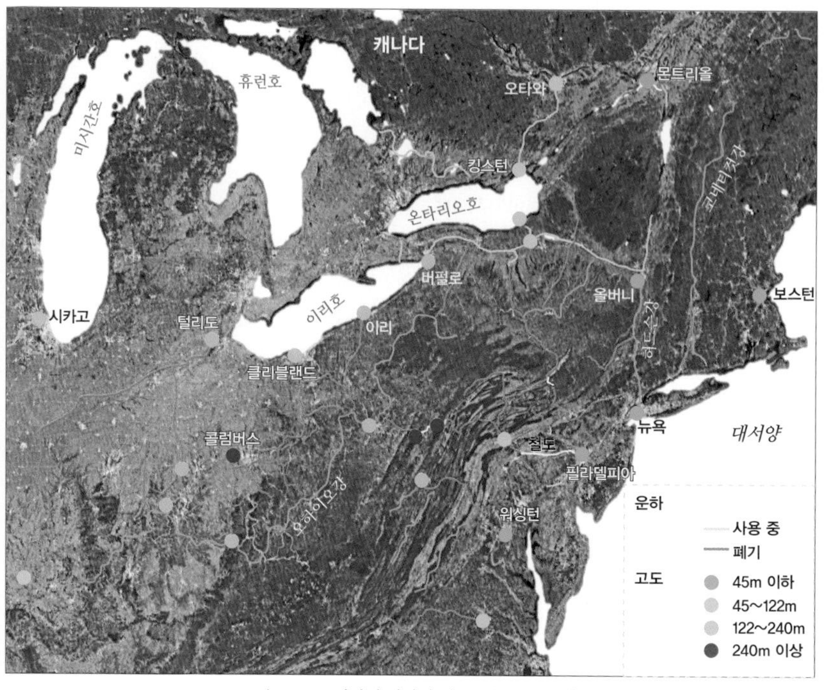

그림 4-3 19세기에 건설된 미 동부 주요 운하

된 운하 가운데 1795년 매사추세츠주의 코네티컷강(Connecticut River)을 따라 미국 최초로 배가 운항할 수 있는 사우스해들리 운하(South Hadley Canal)가 개통되었다.

운하가 미국 동부에 집중된 이유는 대서양을 중심으로 무역이 번성했고, 연안 항해나 철도의 접근이 어려운 북미의 내륙 수송로 확보를 목적으로 운하 개발이 이루어졌기 때문이다. 또한 오대호의 농업 잠재력을 최대한 활용할 수 있는 방안이 운하이기도 했다.

펜실베이니아주 전 지역에 걸쳐 펜실베이니아 운하(Pennsylvania Canal, 1840년)가 14년간의 공사 끝에 완성되었고, 코네와고 운하(Conewago Canal, 1797년)와 리하이 운하(Lehigh Canal, 1821년)를 포함한 주요 운하는 다음과 같다.

- 동부 운하(Eastern Division-Pennsylvania Canal): 컬럼비아에서 클락스 페리까지 69킬로미터 구간이다.
- 주니아타 운하(Juniata Division-Pennsylvania Canal): 주니아타에서 홀리데이스버그까지 204킬로미터 구간이다.
- 서부운하(Western Division-Pennsylvania Canal): 존스타운에서 피츠버그까지 167킬로미터 구간이다.
- 앨러게니 운하(Allegheny Outlet-Pennsylvania Canal): 서부 운하에서 앨러게니강까지 1.21킬로미터 구간이다.
- 키타닝피더 운하(Kittanning Feeder Canal): 키타닝에서 서부 운하까지 23킬로미터 구간이다.

▩ 휴스턴 운하

1914년에 건설된 휴스턴 선박 운하(Houston Ship Canal)는 텍사스주 휴스턴 도심에서 멕시코만까지 연결하는 80킬로미

그림 4-4 **휴스턴의 항구 주변의 모습**(엽서, 1910년)

터(폭 160미터, 깊이 14미터) 구간의 운하로, 준설(dredging, 하천이나 해안 바닥에 쌓인 흙, 암석을 파헤쳐 바닥을 깊게 하는 일) 작업을 거쳐 개발되었다.

수로를 따라 많은 터미널(부두)이 있고, 휴스턴 근처의 선회장(Turning Basin, 계류수면이라고도 하며 선박이 방향 전환을 하기 위한 원형 수역이다. 보통 선박 길이의 1.5~2.0배의 지름으로 이루어진다)이 있는 종점까지 운항한다. 운하 통행에 사용하는 갑문은 없지만, 〈그림 4-5〉에서와 같이 네 가지 색으로 나타낸 것처럼 총 4구간으로 관리하고 있다.

그림에서 A, B, C 부분을 각각 살펴보면 다음과 같다.

그림 4-5 멕시코만에서 휴스턴 운하까지의 경로

A에서 배들이 남북으로 이동하며, 또한 서쪽 베이 포트(Bay port) 컨테이너 터미널과 클리어호(Clear lake) 내부 항만들로 이어지는 곳이다. B는 휴스턴 운하를 이용하는 선박들이 기다리는 정박지이다. 그림의 북쪽 C에는 샌저신토 기념탑(1836년 멕시코 전쟁 승리 기념비로 약 173미터의 세계에서 최고로 높은 기념비이다)과 전함 텍사스호가 박물관으로 변경

그림 4-6 인공위성에서 찍은 휴스턴 운하의 주요 지점(각 위치는 앞 그림 참조)

되어 전시되고 있다. 제1, 2차 세계대전에 참전한 이 함정에는 미국 전함 최초로 레이더와 대공무기가 탑재되어 있다.

파나마 운하

〈그림 4-7〉은 인공위성에 달려 있는 레이더를 이용하여 파나마공화국에 있는 파나마 운하 주변을 촬영한 것이다. 파나마만과 카리브해에 보이는 빨강(2011년 11월 24일), 녹색(2012년 1월 23일), 파랑(2012년 2월 22일) 점들은 파나마 운하를 이용하기 위해 기다리고 있는 배들을 나타낸다. 가툰호에도 운하를 이용하고 있는 배들이 빨간색 점과 녹색 점으로 보인다. 파나마만의 북쪽에 흰색으로 보이는 곳(빨간색 사각형의 오른쪽)은 파나마의 수도 파나마시티이다.

세계에서 대표적인 운하로 손꼽히는 파나마 운하(Panama Canal)는 1914년에 만든 길이 82킬로미터의 물길이다. 파나마 운하는 미국 동부에서 태평양으로 가는 안전한 지름길로, 남아메리카 최남단 케이프 혼을 돌아가는 길고 위험한 항로(드레이크해협, 마젤란해협, 비글해협 통과 항로)를 피할 수 있게 되었다. 베링해협을 이용하는 길도 있으나 해빙(sea ice)나 빙산(iceberg)의 위험이 있다. 운하 폭은 150미

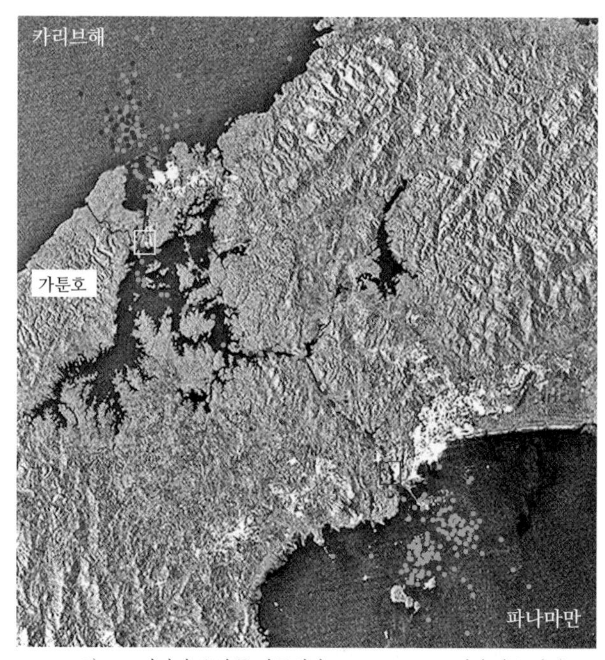

그림 4-7 파나마 운하를 인공위성(ESA ENVISAT위성)에서 찍은 사진
(2011년 11월 24일, 2012년 1월 23일, 2012년 2월 22일 촬영)

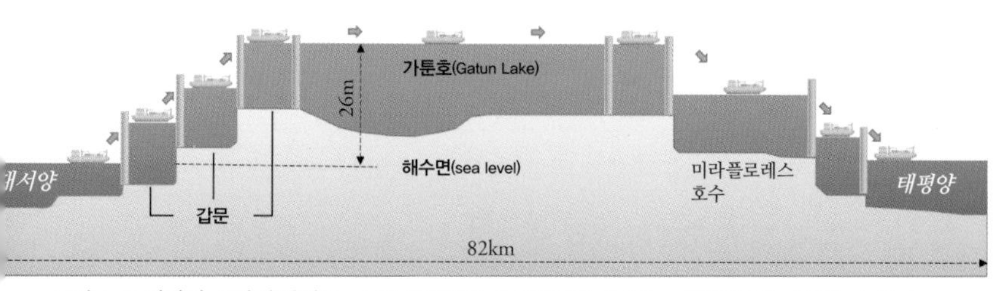

그림 4-8 파나마 운하의 단면도: 수위 26미터를 오르내려야 대서양 – 태평양으로 이동할 수 있다.

터이고 깊이(수심)는 15.2미터로 많은 배들이 이 운하에 맞춰 배의 크기를 결정한다.

파나마 지협(Isthmus of Panama)을 가로질러 대서양 카리브해와 태평양 파나마만을 연결하는 이 운하는 1904년 공사를 시작하여 1914년 8월 15일에 개통되었다. 당시 선박들의 통행은 자유로웠지만, 배 만드는 기술의 발달과 교역 확대로 운하가 좁다는 의견이 많았다. 이에 2016년 6월 26일, 새로운 갑문을 짓는 확장 공사가 마무리되어 길이 366미터, 폭 49미터의 큰 선박도 통과할 수 있게 되었다.

처음 설치한 태평양 갑문에는 미라플로레스(Miraflores)와 페드로 미겔(Pedro Miguel)이 있고 대서양 갑문은 가툰(Gatun)으로, 배 폭이 28.5미터 이하인 배 2척이 동시에 지나가게 되어 있었다. 2016년에 추가로 설치된 코콜리(Cocolí) 갑문과 아구아클라라(Agua Clara) 갑문은 비록 통로는 하나이지만 폭이 49미터인 배까지 지나갈 수 있다.

당시 콜롬비아의 영토였던 파나마 지방의 파나마 운하 계획은 수에즈 운하에서 좋은 결과를 거둔 프랑스 외교관 페르디낭 드 레셉스의 도움으로 1881년 프랑스가 시작했다. 먼저 수에즈 운하 길이의 약 3분의 1 수준인 이곳에 대서양과 태평양의 운하 끝단의 수위를 맞추는 방

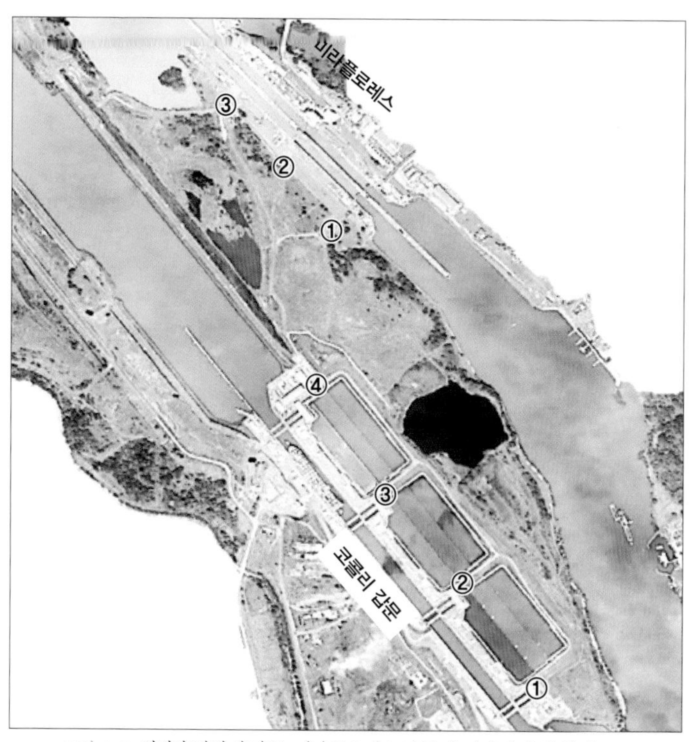

그림 4-9 태평양 방향의 갑문: 미라플로레스 갑문과 파나마 운하 확장으로 설치한 코콜리 갑문

향으로 진행했고, 이 계획에는 구스타프 에펠(Gustave Eiffel, 1832~1923)도 참여했다. 그러나 열대우림과 열악한 기후 속에서 갑문을 설치해야 하고 운하 경로의 미확정 등 복합적인 문제로 중단되었고, 1904년 미국이 이어받아 10년 후 완성했다.

1914~1977년 미국은 운하와 주변 영역을 통제했고,

그림 4-10 루스벨트 대통령의 현장 방문(1906년)과 공식적으로 파나마 운하를 최초로 통과한 미국 여객선 에스에스 안콘(SS Ancon)호

그림 4-11 대서양 방향의 갑문: 가툰 갑문(1914년)과 2016년 새롭게 설치한 아구아클라라 갑문

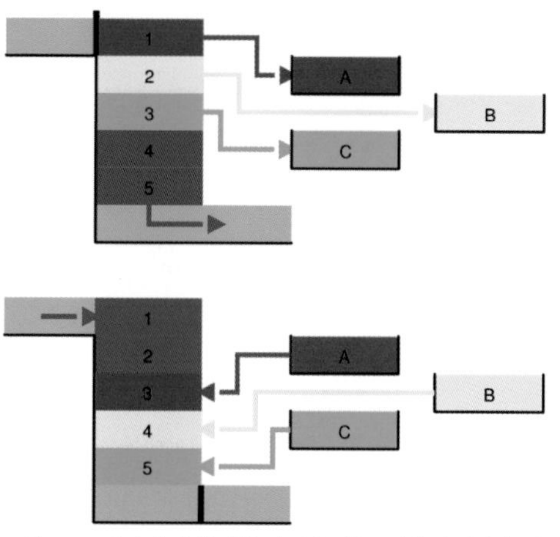

그림 4-12 파나마 운하 갑문의 절수 기능: 선박이 내려갈 때(위), 선박이 올라갈 때(아래)

이후 파나마와 공동으로 운영하다가 1999년 운영권이 파나마로 완전히 넘어갔다. 현재 파나마 정부 소유의 파나마 운하 공사(Panama Canal Authority)에서 운용하고 있다.

일반적으로 중력과 밸브만으로 갑문을 운용하지만 많은 물이 필요하다. 건기와 우기에 따라 물의 사정이 달라진다. 파나마 운하 확장으로 새로 만든 갑문은 '절수 기능'이 있어 사용하는 물의 양을 줄일 수 있다. 정확하게 말하면 물 5분의 3을 재사용하고 나머지는 버리는 것이다. 〈그림 4-12〉에서와 같이, 배가 내려가면서 A, B, C에 물이 저장되고, 배가 올라갈 때는 이 물을 사용하는 것이다.

쉬어가기

운하 통과 허용 선박

파나맥스(Panamax): 파나마 운하를 통과할 수 있는 선박의 최대 크기를 가리키며, 되도록 이 크기를 고려하여 배를 만든다.

수에즈맥스(Suezmax): 수에즈 운하를 통과할 수 있는 최대 선박 크기이다.

믈라카맥스(Melakamax): 평균 수심 25미터, 최소 폭 38킬로미터인 믈라카(말라카)해협을 통과할 수 있는 최대 선박 크기이다.

	파나맥스(2016)	수에즈맥스	믈라카맥스
톤수(Tonnage)	120,000 DWT*	160,000 DWT	300,000 DWT
길이(Length)	366m	400m	333m(1,093ft)
폭(Beam)	51.25m	77.5m	60m(1,093ft)
높이(Height)	57.91m	68m	
흘수(Draft)	15.2m	20.1m	20.5m(1,093ft)
컨테이너선	14,000 TEU		
통행료	$300,000(약 4억)	$500,000(약 6억)	
통과 소요 시간	약 10시간	12~16시간	

믈라카(말라카)해협: 믈라카는 역사 도시로 세계유산에 등재

05 아시아의 운하

아시아 운하와 항로

전 세계 주요 50개 항구의 60퍼센트 이상이 아시아에 있고, 이 가운데 반 이상은 중국에 있으며, 또한 해협도 많이 분포하고 있다. 많은 강이 흐르는 인도, 중국과 같은 환경은 내륙 수로와 연결되면 물류 수송망에 크게 이바지할 것으로 기대되지만, 유럽에 비해 운하의 발전은 미흡하다.

우리나라는 대동강 운하가 동절기를 제외하고 선박의 상업적 운송에 이용되고 있다. 중국에는 세계에서 가장 길고 오래된 베이징-항저우 대운하가 있고, 양쯔강에는 2009년에 건설된 갑문과 리프트를 동시에 운용하는 시설도 있어 선박들의 물류 수송에 활용되고 있다. 인도는 연

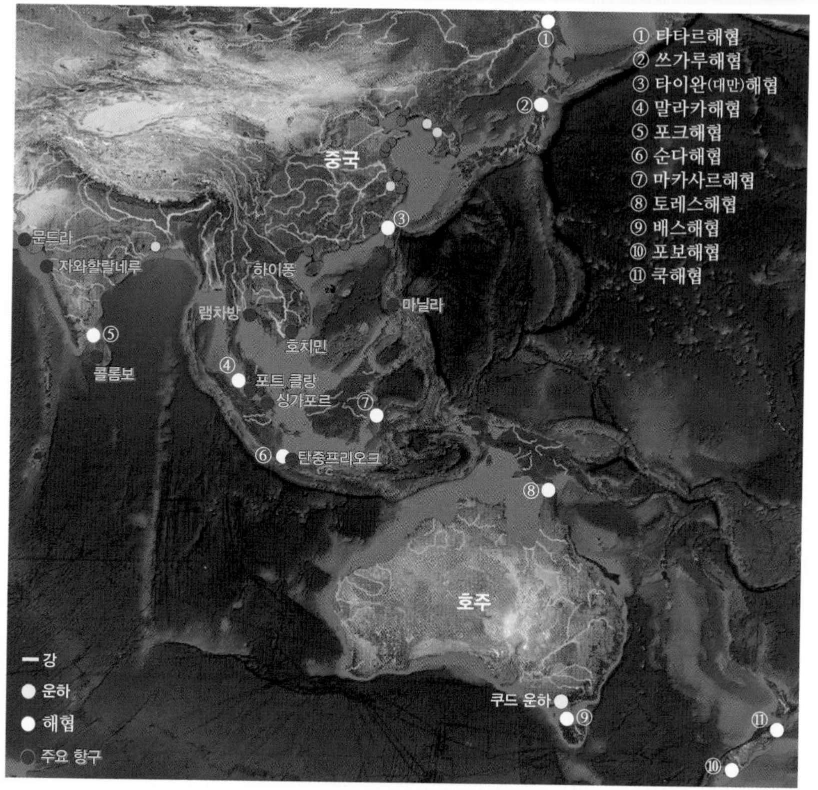

그림 5-1 아시아의 강, 해협, 항구, 운하

안에서 내륙 깊은 곳으로 이어지는 상업적으로 발달한 운하는 없지만 많은 운하가 있으며, 장기적으로 운하를 계속 개발할 예정이다.

파키스탄에는 나라 운하(Nara Canal, 1859년)가 있으며, 이 운하는 인더스강과 연결되며 관개수로의 용도이다.

갠지스강의 인도 운하

강이 많은 인도는 아시아에서 가장 많은 운하를 개발하여 이용하고 있다. 111개의 국립수로(National Waterways, NW)가 있고, 계속해서 개선해 나가고 있다. 그래도 대부분 선박 운항은 어려운 상황이다. NW1에서 NW111까지

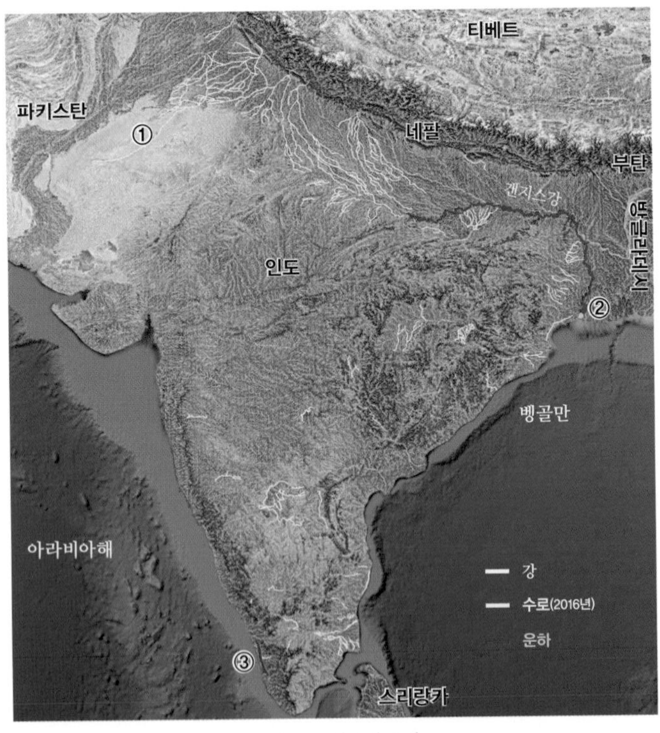

그림 5-2 인도의 운하

그림 5-3 인도 남부 케랄라주에 있는 운하 도시 코치(Kochi, 또는 코친Cochin): NW1 운하의 일부(위)
코치 운하를 따라 운행하는 배에서 관광객들이 주변을 둘러보고 있다(아래).

가 있고, 참고로 NW1~NW3는 배가 오갈 수 있다.

NW1은 갠지스강을 거쳐 벵골만으로 이어지는 1,620킬로미터의 운하, NW2는 티베트 서남부에서 발원하는 브라마푸트라강 영역으로 히말라야산맥을 가로질러 갠지스 삼각주로 이어진다. NW3은 1993년에 개통한 인도 남서부 케랄라주 365킬로미터 구간으로 서해안 운하(West Coast Canal)라고도 한다.

① NW45: 인디라간디 운하(Indira Gandhi Canal)라고도 하며, 2010년에 개통된 길이 650킬로미터 운하이다. 처음에는 라자스탄 운하(Rajasthan Canal)로 불렸으나 인디라 간디 총리의 이름을 따와 붙였다. 인도에서 가장 긴 운하로, 인도 북부에서 북서부 타르사막(파키스탄과의 국경 근처)까지 이어지며, 관개수로로 사용하고 있다.

② NW3: '국립수로 3'으로 갠지스강을 따라 정비되었고, 일부 지류는 방글라데시로 이어진다.

③ NW1: '국립수로 1'로 연안 안쪽에 석호와 같은 형태로 내륙에 건설된 수로이다. 운하 도시 코치에는 항만과 조선소가 발달했다. 인도에서 건조한 최초의 항공모함(2022년 7월 해군에 인도)도 보인다(〈그림 5-3〉 위 참조).

가장 오랜 역사를 간직한 중국 운하

기원전 468년에 건설된 베이징-항저우 대운하(Beijing-Hangzhou Grand Canal)는 유구한 역사와 함께 세계에서 가장

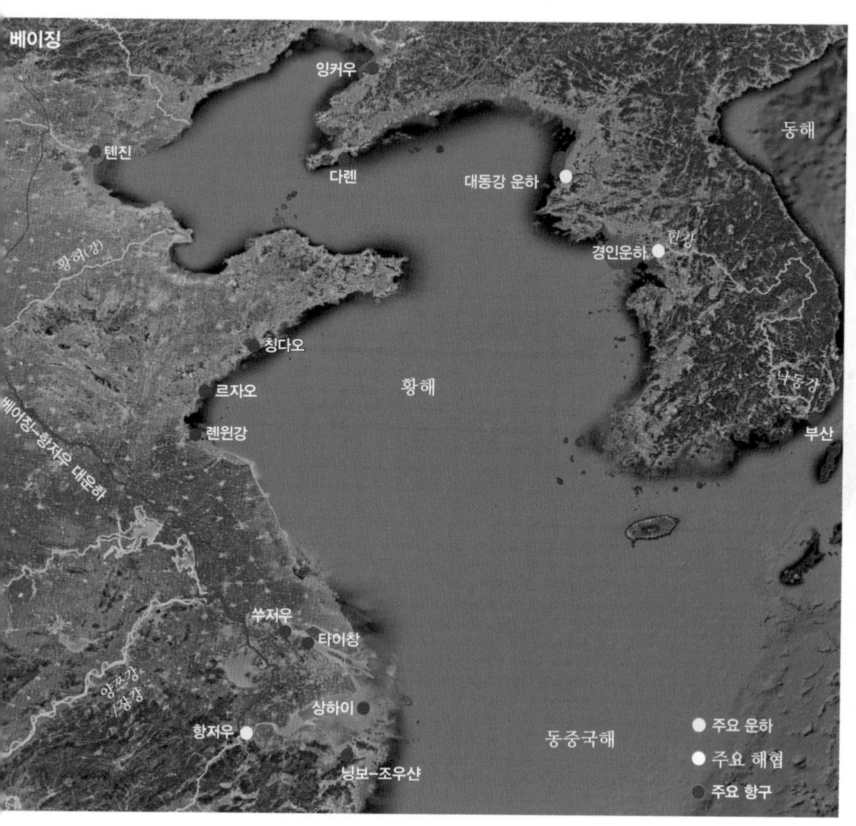

그림 5-4 중국과 우리나라의 운하

긴 운하다.

베이징과 항저우를 연결하는 이 운하는 길이 1,782킬로미터, 폭 40~350미터, 수심 2~3미터이다. 2014년 유네

그림 5-5 베이징-항저우 대운하

스코 세계유산에 등재되었다.

이 운하는 많은 강을 연결하는데 특히 중국의 대표적인 강 황허(강)와 양쯔강을 연결한다.

양쯔강(揚子江, Yangzi River)은 중국의 중심부를 지나 황해로 이어지는 아시아에서 가장 길고 세계에서 세 번째로 긴 강이다(6,300킬로미터). 이 강에는 세계 최대 수력발전소인 싼샤댐도 있다.

황허(黃河, Huánghé): '河'는 '강'을 의미하고, 노란 흙탕물이라는 뜻에서 붙인 이름이다. 이 이름에서 황해(Yellow Sea)가 유래했다.

▩ 싼샤댐

싼샤댐(三峽, Sanxia, Three Gorges Dam)은 길이 2,335미터, 폭 135미터, 높이 181미터로 2009년에 완공된 세계 최대의 수력발전소이다. 양쯔강 평원의 홍수 예방뿐만 아니라 양쯔강의 운하 기능을 확대했다. 발전용량은 22,500메가와트(MW, 1메가와트는 10^6W)로 우리나라 고리원자력 발전소의 약 3배에 해당한다.

선박을 댐 위아래로 이동하기 위한 갑문과 엘리베이터 방식의 리프트가 설치되어 있다.

그림 5-6 싼샤댐

갑문은 2개로 각각 길이 280미터, 폭 35미터, 깊이 5미터이고, 배 통과시간은 3~4시간이다. 엘리베이터 리프트는 독일에서 개발했으며, 길이 120미터, 폭 18미터, 깊이 3.5미터로 30~40분에 113미터로 수직 이동할 수 있다.

이 댐의 건설로 황해와 동중국해로 유입되는 담수가 감소하여 수질 오염, 영양염 농도 증가 등 해양 생태계 영향에 대한 우려도 크다.

우리나라의 운하 개발 이야기

우리나라에도 강이 많지만, 운하로 이용하고 있는 곳은 압록강, 대동강, 한강 정도이다. 황해남도 운하는 지금도 개발 중인 것으로 보이고 관개수로에 가깝다. 경인운하는 상업적인 목적으로 개발되었으나 내륙 항만과의 연계 등이 과제로 남아 있고, 굴포운하는 과거 우리의 운하 개발의 의지를 보여주는 정도이다. 포항운하는 관광용이라고 할 수 있고, 통영운하는 구간이 너무 짧아 운하의 느낌은 없지만, 항로로 중요한 역할을 하고 있다.

① 압록강 운하: 황해 연안에서 약 700킬로미터 구간으로, 단둥(丹東)항까지는 125,000TEU〔TEU는 길이 20피트(ft, 609.6센티미터)의 컨테이너를 나타내는 단위로 표준 컨테이너 크기를 가리킨다〕 컨테이너도 통항하고, 북한과 국경을 공유하고 있는 중국은 압록강을 따라 활발하게 개발하고 있다.

② 대동강 운하: 북한에서 경제, 군사적으로 중요한 397킬로미터의 내륙 운하로, 총갑문은 5개이고, 황해 남포를 거쳐 평양까지 연결된다. 겨울에는 대동강이 얼기 때문에 선박이 아닌 얼음 위를 달릴 수 있는 교통수단을 이용한다.

그림 5-7 우리나라 운하의 위치

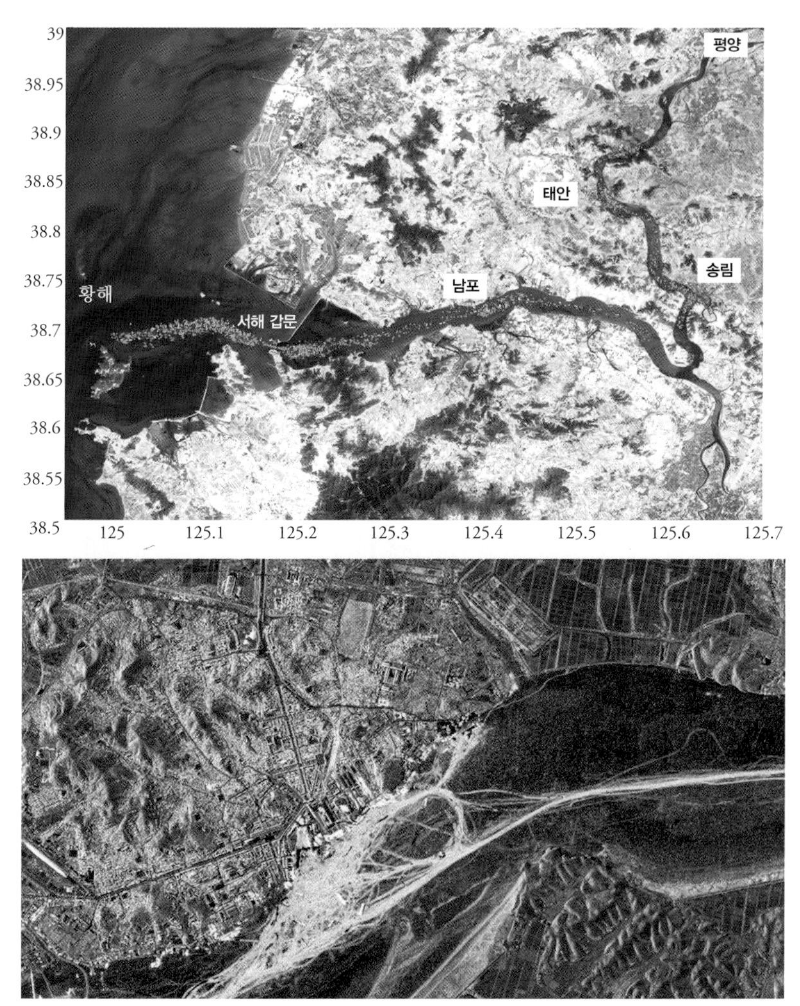

그림 5-8 대동강 운하: 선박 궤적(위)과 겨울철 얼어 버린 대동강(아래)

③ 황해남도 운하: 아직도 공사 중인 50여 킬로미터 구간이며 주로 농업 용수 공급이 주 목적이다.

④ 경인운하(Ara Canal): 인천과 서울 한강을 연결하는 18.8킬로미터 구간이다. 한강과 서해를 연결하는 뱃길로, 경인아라뱃길이라고도 한다. '경(京)'은 서울, '인(仁)'은 인천시, '아라'는 '아리랑'의 '아라리오'에서 따왔다.

고려 시대부터 조선 시대까지 각 지방에서 올라오는 조세는 염하수로(김포와 강화 사이)를 거쳐 한강 양화진까지 운반하여 광흥창(현재 서울 마포구 창전동에 표지석이 있으며, 관

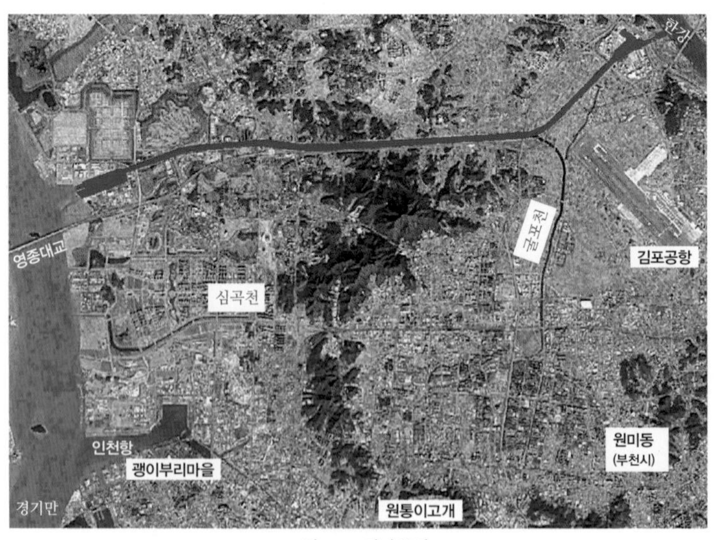

그림 5-9 경인운하

리들에게 녹봉으로 지급하는 곡물의 저장 창고인 경창京倉의 하나)으로 운송했다고 한다. 이와 같은 뱃길은 조세를 운송한다고 해서 조운(漕運) 항로라고 한다. 하지만 만조 때만 운항할 수 있었고 손돌목(김포시 대곶면 신안리와 강화군 불은면 덕성리 사이로, 뱃사공 손돌의 이야기가 전해지는 곳)은 뱃길이 매우 험해서 굴포천을 거쳐 인천에서 한강으로 바로 연결했다고 한다.

• 원통이고개 유래: 원통이고개는 인천 부평삼거리에서 간석오거리에 이르는 고개를 가리킨다. 조선 중종(1506~1544) 때, 염하수로가 위험하여 새롭게 인천에서 한강으로 연결하는 운하를 만들기로 했다. 하지만 이 고개가 모두 암반으로 되어 있어 뚫지 못하고 끝내 운하를 완성하지 못해 모두가 헛일이 된 것이 너무 '원통하다'고 하여 원통고개 또는 원통이고개라 부른다고 한다.

⑤ 굴포운하(掘浦運河): 충남 태안읍 천수만 부남호와 충남 서산시 팔봉면 가로림만 솔감 저수지를 연결하는 약 8킬로미터 운하이다. 굴포운하는 1134년(인종 12) 삼남지방(三南地方)의 세곡(稅穀) 운송을 목적으로 공사를 시작했으나 1669년에 중단했다.

『조선왕조실록』에 따르면 고려와 조선 시대에 조운(漕

그림 5-10 굴포운하

運, 강이나 바다를 이용하여 조세로 거둬들인 곡물을 보관하는 국영 창고인 경창으로 운송) 제도가 있어서 1402년(조선 태종 2) 조운선 251척을 건조했다는 기록이 있다.

하지만 조선기술과 항해술이 거의 발달하지 않은 시기라서 강한 바람과 파도에 의한 피해 사례가 많이 등장한다. 특히 충청도, 전라도, 경상도의 삼남지방 조운 경로인 태안 신진도 주변에서 피해가 많았으며, 1456년에 조운선(漕運船) 54척이 침몰했다고 한다. 이를 계기로 충남 태안군 태안읍 부남호에서 인평 저수지를 거쳐 충남 서산시 팔봉면 어송리 솔감 저수지까지 운하를 시도했다. 500여 년간 진행했지만 끝내 완공하지는 못했다.

⑥ 포항운하: 길이 약 1.3킬로미터로 2014년에 완공되었다. 형산강 하류 포항항 근처에서 동빈내항(포항 구항)을 연결한다. 운하 주변을 개발하여 포항의 베네치아를 꿈꾸고 있다.

⑦ 통영운하: 길이 약 1.4킬로미터로 일제 강점기인 1932년에 확장·개통되었다. 통영반도와 미륵도 사이의 지협에 있으며, 운하가 생기기 전 물이 빠지면 사람이 건너갈 수 있었다. 한산도대첩(1592년) 당시 왜선들이 이곳에서 퇴로가 막혔다고 한다. 현재는 해협과 같이 선박이 자유롭게 드나든다.

참고한 자료

도서

유시민. (2019). 유럽도시기행1. 생각의길

유시민. (2022). 유럽도시기행2. 생각의길

제이콥 필드, 김산하 옮김. (2021). 세계사에 기억된 50개의 장소. 미래의창

웹사이트

배가 타는 엘리베이터 운하 리프트, https://sanghayo.tistory.com/1042?category=601712

MIT Libraries, https://geodata.mit.edu/catalog/stanford-hm158hv9062

유엔 유럽 경제 위원회(United Nations Economic Commission for Europe), https://unece.org/

Flanders Marine Institute (2021). Global Oceans and Seas, version 1. Available online at https://www.marineregions.org/. https://doi.org/10.14284/542.

Copejans, E.; Smits, M. (2011). De wetenschap van de zee: over een onbekende wereldoceaan. Acco: Leuven. ISBN 978-90-334-8412-4. 175 pp.

인공위성 이미지: ESA, GoogleEarth

도움을 주신 분

운하 그림: 한국해양과학기술원(조재윤)